不要假装努力，结果不会陪你演戏

王楠———— 著

民主与建设出版社

© 民主与建设出版社，2018

图书在版编目（CIP）数据

不要假装努力，结果不会陪你演戏 / 王楠著. –– 北京：民主与建设出版社，2018.6

ISBN 978-7-5139-2165-7

Ⅰ. ①不… Ⅱ. ①王… Ⅲ. ①成功心理—通俗读物 Ⅳ. ①B848.4–49

中国版本图书馆CIP数据核字(2018)第110397号

不要假装努力，结果不会陪你演戏
BUYAOJIAZHUANGNULI, JIEGUOBUHUIPEINIYANXI

出 版 人	李声笑	
著 者	王 楠	
责任编辑	刘树民	
出版发行	民主与建设出版社有限责任公司	
电 话	（010）59417747 59419778	
社 址	北京市海淀区西三环中路 10 号望海楼 E 座 7 层	
邮 编	100142	
印 刷	三河市金元印装有限公司承印	
版 次	2018 年 7 月第 1 版	
印 次	2018 年 7 月第 1 次印刷	
开 本	880 mm × 1230 mm 1/32	
印 张	8	
字 数	165 千字	
书 号	ISBN 978-7-5139-2165-7	
定 价	39.80元	

注：如有印、装质量问题，请与出版社联系。

世界对每一个人都不偏心，认为"偏"
的，是那颗好高骛远的心。

■ ■ ■

人生在世，有太多的"差一点儿"妨碍了理
想照进现实，阻隔了平庸跨越传奇。

成熟的代价就是，要么梦想变成
了现实，要么成为别人的现实。

所有的遗憾，都是你的努力不够，你吃的苦

无法为你的潇洒买单。

生活中，我们每每经历的事情，都是机
会和威胁的并存体。取舍之间，有张有
弛，学会选择，有进有退。

那些大器晚成的故事告诉我们，努力的人生没有
终点，任何时候开启努力模式，都不会晚。

接受不完美，才是幸福人
生的生存智慧。

■■■

做任何事，只要你迈出了第一步，然后再一步步
地走下去，你就会逐渐靠近你的目的地。

■ ■ ■

原来曾经所受的苦，都是为了
将来所有的美好做铺垫。

■ ■ ■

你的格局所影响的，不只是你的结局和舞
台，还有世界对你的定位与认可。

生活拥挤了，心灵就会空旷；心灵充
实了，生活就会简单起来。

■ ■ ■

趁年轻，趁梦想还在，想去的地方，现在就
去。做喜欢的事情，现在就去做。

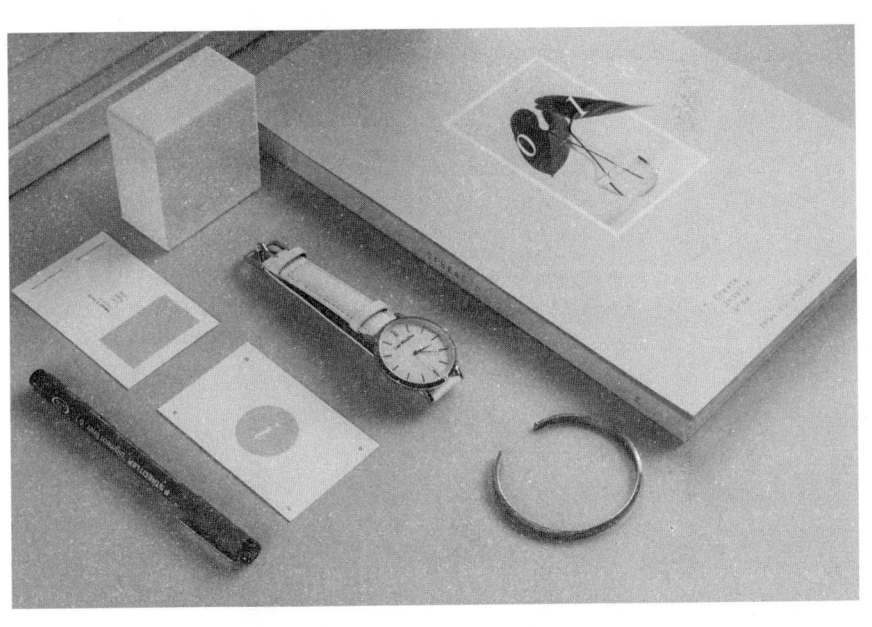

天空再高，只要踮起脚，
就能距离太阳更近一些。

■ ■ ■

人生若处于低谷，就大胆走，无论如何你都
应该无畏向前！

CONTENTS 目录

01 CHAPTER / 优秀还不够，你是否让自己无可替代

02
CHAPTER / 当你抱怨的时候，
实际上你还不够强大

03
CHAPTER / 选择过后，
你要做的是全力以赴

06
CHAPTER / 别人看不起的，
　　　　　都是你值得为之奋斗的

第一章

优秀还不够，
你是否让自己无可替代

并不是你的生活苦，而是自己太懦弱

25岁那年，我离职了。诸如理想啊，梦想啊，总会在经历了之后，就变得没有那么伟大和必须坚守了。就像很多轨迹的终点，实际上就是下一次征程的起点。

我加入了一个微信群，这个群差不多将我生活的这个小城市里所有行业的策划人都囊括在内了。每天看着那些前辈们在群里聊年薪、谈绩效，我觉得我那每个月1200元的工资都不够人家纳个税的。参选的稿子好不容易评个A类、B类，到手的奖金还不够扣错别字的罚款。

我很潇洒地挥了挥手，主编象征性地挽留了一番，还很有诚意地给我涨了200元工资。可我明显发现，他说完给我涨工资之后的那张脸，爬满了"后悔"，那只有些颤抖的手，恨不得抽自己一记耳光。

怎么就这么虚伪呢？

200 元，你穷不了，我也富不了，却让我充分认识到一个道理：钱能解决的事情，那都不算事儿。反过来说，很多事情的选择，与金钱无关，却与理想有着千丝万缕的联系。

在我成为一家上市公司的策划部主管之前，好像真的没有体会过，什么叫作苦，什么叫作累。现在回想起来那段忙碌的工作经历，我都不免要给自己点一万个赞。最忙的时候，连续在单位和衣而眠36 天，白天做单位开业前的所有活动策划、新闻通稿、营销活动，晚上监督施工单位的装修。这些工作结束后，已经进入到第二日的凌晨，我索性就在办公室解决了那不足 5 小时的睡眠。

年轻，就是最大的本钱。

我和一起为公司的"拓荒"而热情奋斗的小伙伴们，好像每天一睁开眼就打满了鸡血一般，开启自动热忱模式。无须鞭策，没有驱赶，就像在做自己的事业一样，倾注了所有的热情。

后来有人问我："你所说的忙，到底有多忙？"

我举了一个很典型的例子——有一天，我为了能赶上最后一班公交车回家，匆匆忙忙结束工作后，拿着包就飞奔进了电梯，终于坐上了最后一班公交车。回家的路上，我准备给家人打电话报个平安，特别自然地从包里拿出计算器，一通按啊，然后贴在耳朵上就开始"喂"。我记得很清楚，公交车上所有人都向我投来异样的目光，车上的光线很暗，一点没妨碍我感受到强烈的鄙视。

很多人把这个故事当成笑话来听，而作为当事人的我，内心满是酸涩。

和我一样在那个公司奋斗过的小伙伴，一些人先我而离开了公司。当我因为一些事情而不得不选择离开的时候，小关同学发自肺腑地说了一句话，填满了当时的我整个身心的空虚。他说："我们每一个人离开这里，都不是因为工作有多累，也不是因为工资有多少，而是我们内心的那个叫作梦想的弦，开始弹动了。"面对选择的时候，很多人都会有所纠结和不舍，可一旦你走过了这个阶段，就会发现，原来曾经所受的苦，都是为了给将来所有的美好做铺垫。

我在这家上市公司工作了整整四年，从 25 岁到 29 岁，在这里我倾注了最好的青春年华。

对于生长在 21 世纪的年轻人，这里所说的"苦"与艰苦的"苦"还有很大区别。感官上来说，应该是内心所承受的一种压力，亦可以说，是自身潜力的深度挖掘。就像浸了水的海绵，挤一挤总是有液体流出的。

对于我曾经的那个工作单位，我喜欢称它为"黄埔军校"。因为从那里走出来的很多员工，在同行业中任职，都是晋级少说也是一阶、两阶的。甚至我们策划部的一个文案，现在就是另一家同行企业的经营副总。

当然，特例还是有的。

我的另外一位同事辛月，跟我共事的时候是客服，很多年之后的今天，她的职务依然是客服。有一天，她心思凝重地给我发信息说，她很迷茫，也很焦灼，兜兜转转了好几年光阴，她还是当初的那个她。

光阴是什么？光阴就是，你负了它，它就会加倍负你的怪胎。

记得上一次辛月找我谈心，是我离职后的第二年，那时，我已经是另外一家同行企业负责经营的总监了。辛月说，她现在工作不开心，觉得不能干一辈子的客服，总要有点突破才行。可是，她又不舍得离职，担心找不到更好的岗位，到时赔了夫人又折兵。

公司的 CEO 看出了辛月的纠结，然后给她举了两个人的例子，一个是小关，一个是我。CEO 说对辛月说："小关自己创业开网络公司，自己给自己当老板；小王去了同行企业，也是当得起公司的'二当家'。你如果有了心思出去看看，那就豁出去，不能吃着碗里的，还惦记着锅里的。"

辛月在 CEO 的婉言劝慰下，豪爽地递了辞呈，然后去了其他行业，依然做着客服。后来据说换了几次工作，每一次的选择都是单选——客服。现在，辛月又回到了我们曾经一起共事的单位，做的还是客服。

起跑线上一起"预备"的选手，到达终点的时间都是不一样的，甚至有一些选手，在没有到达终点的时候，已经偏离了跑道，再努力地奔跑，也只是距离终点越来越远罢了。

我清楚地记得，当我和小关等"战友"们一起加班讨论公司经营和管理的时候，辛月说家里有事，不能加班；我和小关还是基层员工的时候，已经承担起了更多中层的职责，而辛月却一直保持着"挣多少钱，干多少活"的主观意识；后来我和小关成了中层，开始准备一边实践，一边汲取理论知识，备考 MBA 时，辛月不以为然地说："工作已经很忙了，哪有时间去看书和学习？就算考上了MBA，单位也不给支付昂贵的学费。"辛月索性淡出了我们共同的圈子。

能够放飞到蓝天之上的不只是风筝，还有梦想。但这个世界上，最不缺少的就是梦想家，真正缺少的是少数为了梦想坚持和不断努力的人。

偶尔会听到有人埋怨："凭什么他就可以获得这样或那样的殊荣？凭什么只有他晋升而没有我的份儿？"当你开始质疑别人获得的掌声与鲜花时，你是否想过，他今天获得的成绩，是曾经多少个日夜不眠不休坚持的结果？你是否有所意识，他今天的美好，是曾经无数个困苦汇集而成的坚强？

事情都是有两面性的，特别是在苦难面前，你勇敢地走过去，苦难就会萧条；你若优柔寡断，它必誓死抵抗。这个世界上本就没有随随便便的成功，所有努力的结果，未必就是成功，但若不去努力，那一定是没有希望成功的。

困难并不可怕，可怕的是你没有战胜它的勇气。你奢望的所有美好，都准备好了坚实的路障，是跨过去还是躲过去，这决定了你的未来是美好还是苦痛。

叫醒你的不是闹钟而是理想

高中同学中，有几个去了日本定居，春节前的同学聚会上，大家一起聊到了日本的生活和工作状态。其中，一位在日本定居的男同学说，他在日本的工作状态基本上就用两个字来形容——充实，如果用一个字来概括的话，那就是"赶"。

是的，"赶"这个字还是可以概括日本的工作节奏的。

日本的公交站台，你很难看到排队候车的景象，但每一辆公交车到站的瞬间，都会一下子从各个方向涌来若干乘客，再井然有序地排队上车。他们手里会拿着早餐，任何一种情况都可以高效地解决，一边吃早餐一边做其他事情而互不干扰。

很多高端写字间的楼前，你会看到一些人一边奔跑、一边扎领带。或许你会鄙视日本人那种对时间观念的禁锢性；你会不解，为何要将时间弄得那么赶，提早一步做计划，岂不没有这般慌乱？

属于日本人现实的节奏就是这样的，他们尤为擅长计划时间，早上 7 点钟出门，6 点 59 分的时候一定就在穿衣服准备出门。早餐的时间用在路上，就会省下十几二十分钟，然后去做其他的事情。

你所看到他们的"赶"时间，实际上是他们珍惜时间。每一分钟花在他们的身上，显得特别充实、饱满。

我的另一位在日本定居的女同学告诉我说，她以前在国内的时候，不敢奢望去北上广深发展，感觉那里的生活节奏过快，害怕自己应付不来，纵使有很强烈的欲望去大城市实现自己的梦想，但在现实面前，她还是有些胆怯。

于是，她去了日本，却发现，那里的人们生活节奏更快，快到她没有时间"闲"下来。从来都是靠闹钟才能叫醒的她，几个月下来就不再需要闹钟了。

她说，每天叫醒她起床的不再是闹钟，而是生物钟。那种追赶时间的竞技，治愈了她的拖延症。她觉得，她距离自己的梦想愈来愈近。

这位女同学是做日化品销售的，她对于销售这个职业并不是特别喜欢和擅长，但她对日化品却情有独钟。在读书期间，别的同学讨论《流星花园》和"樱木花道"的时候，她已经对很多国家的日化品及其成分说得头头是道了。

她说，她的理想是有一家自己的日化品公司。从生产到销售，从车间到申商平台，从基础护肤到炫彩美妆……我清晰地看到了，洋溢在她脸上的畅想是如此美好与值得期待。

前不久，我们在朋友圈互动，她告诉我，现在她一边做日化销售的工作，一边学习相关理论知识，还结识了一些做研发的朋友，大家每天都会抽个时间讨论日化品的创意。虽然，她的公司还在计划阶段，但我已经感受到了，她对于这个理想实现的肯定与执着。

她说，现在每天叫醒她起床的不是闹钟，也不是生物钟，而是理想。

从我们很小的时候，就会有不同的人习惯性地问我们："你的理想是什么？"

我想，很多人幼年时候的理想都是当一名伟大的科学家、生物学家、医生、教师、警察……那时候，这些富有传奇色彩的称谓，是每一个孩童心里纯净的彼岸。长大一些后，我们会经历一些人和事，生活中一些起起落落开始走进我们的生命，触碰到最初的理想。特别是一些足以影响生活状态的事件，比如家中有人生病，比如因为贫穷而不能读书。于是，理想的风向标中会加入一种叫作"明确"的因子。自此之后，理想就越来越趋近于现实。

高三那年的一次机缘巧合，我看了一档有关西部支教的片子，一股热流涌向全身——我要当教师，我要支援西部教育！

后来，我如愿加入到了教师的队列，却因为其他的原因，未能踏上开往西部的列车。

即便如此，三尺讲台上的桃李芬芳，宽敞教室的琅琅读书声，依然沁入了我的理想，照进现实的心田。

有人说，世间最纠结的事情，就是错误地坚持和轻易地放弃。

一个人，做好一天的事情很容易，一辈子坚持做好一件事却很难。多数人耐心不足，毅力不够，没有持之以恒的决心，所以总会轻而易举就放弃了那份对理想的坚持，成功也就成为别人的故事。

理想，总是要在付出努力和坚持之后，才称得上是理想，否则，大千世界的芸芸众生，又何谈坚忍？

奔赴理想的征程，总会遇见数不尽的路障，但你一定要清楚一件事情，那就是：所有的困难都不是上苍施于你的惩罚，而是赋予你的机会，学习的机会，不断突破自我的机会。

直面困难是一种勇气，为理想而奋斗是一种坚持。那么，战胜理想前面的路障，就是一个人此生不可推卸的责任。

不要停止了学习与成长

　　一位离休了的前市长，应邀为某所学校的毕业生做一场有关职业规划的讲座，我作为"社会编制"的自由撰稿人，和市人才中心、市档案局、市委，以及其他三位走出校园不久，分别入职某企业、自主创业、进入公务员体系的青年，共同参与了前市长的讲座课题研讨会。

　　研讨会之后，我和一位年轻的公务员李廷作为主执笔，开始起草讲座的PPT。这次共事的经历，让我和李廷有了较为频繁的接触，他习惯地称呼我为"学姐"。我们并非同所学校毕业，他称呼我为学姐，大概是出于我比他进入社会早几年的一种尊敬吧。

　　能够成为前市长的"笔杆子"，李廷的文字功底很强。但对于我邀请他一同加入撰稿人的行列时，他却犹豫了。李廷说，他26岁了，已经过了青春年少大有创意的年龄，现在才开始写作，为时已晚。

我很想告诉他，我第一部作品出版的那一年，已经 31 岁了。

喜欢码字，爱好写作的人很多，能够坚持很多年都不放弃的人也很多，但真正将这份爱好培养成兴趣，用一生的时间去学习的人，又有多少呢？

小白是一位刚刚离职不久的全职妈妈，35 岁的她看上去只有二十六七岁的样子。很多新认识她的朋友会好奇地向她请教"冻龄"的诀窍，小白总是微微一笑告诉大家：相由心生。

小白之前在一家集团连锁的企业给总裁当助理，负责一些文职类的工作。后来，总裁突发奇想把她派到一个项目部，做项目研发。这就与小白给自己设计的职业规划大相径庭了。当初，总裁为小白勾勒的发展计划成为泡影，什么送她去攻读哲学、经济学双博士，什么开创一个哲学研究所，让小白过去做执行所长的承诺，在尚未开始的时候就已经提前终结了。

小白的离职，让很多人觉得挺可惜的，一方面不想单位错失一位有能力的中层干部，另一方面又觉得，这个年龄辞职了，重新杀进招聘会与 90 后们拼力厮杀，"文绉绉"的小白一定会被拍死在沙滩上。

一些朋友知道小白辞职后，开始纷纷预约，与她逛街、购物、逛书店、喝咖啡、品美食。大家总会像商量好一样问她接下来有什么打算，或者希望找一个什么样的工作。对于大家的热心，小白感激地递上微笑，然后告诉朋友，先休息一段时日，再做打算！

有的人不理解，他们认为：小白没有爹可拼，没有资本创业，每个月要还几千元的房贷，还要供养一个上小学的儿子……就算有老本可以啃些时日，整个家庭的生活质量也会下降很多的。

再次见到小白的时候，她没有工作已经一年了，朋友猜测，见面的交流，可能更多的是生活的琐碎和对光阴的埋怨吧。

她们相约在咖啡厅，那是小白最喜欢的一个环境，一杯一椅一书一天下。

"最近好吗，好久没联系了。"朋友问道。

"还好啊，每天都很充实，感觉自己要学的东西实在太多了。"小白温婉地回答。

后来朋友回忆说，她们那次谈话，聊了天南地北，聊得海阔天空。

小白用一年的时间，考下了国家二级心理咨询师和中级经济师的资格证，报名参加了一个瑜伽教练班，现在每周都会抽一天的时间，和其他的瑜伽教练或瑜伽爱好者一起练习瑜伽。与此同时，跟着 MBA 导师一起研究两个有关智能制造和保税区的课题。

小白告诉朋友，自己并不打算做心理咨询师，也没有计划去专职研究经济。只是生活中遇到的很多事情，让她觉得这些理论性的学习还是十分必要的。如果只有实践，那就是真的空洞没有营养了。

朋友问小白："学了那么多，做了那么多，累吗？"

小白回答说："不累，而且特别充实，感受到了生命真正的意义。"

有一个读初三的女孩，在中考前突然失联了一个月之久，直到中考结束，她才奇迹般出现在家人面前。女孩没有做任何解释，只说了一句话：读书让她透不过气，中考之后还有高考，高考之后还要上大学，大学毕业后还有工作中的永无休止的各种考核。与其未来的很多年都要饱受考试的摧残，她宁愿在此刻及时改变未来的轨迹。

这位初三的女孩，从小学开始就是学霸，而且是不需要多么勤奋和努力，就能够轻松当上学霸的那种。很多人说，这是天生的"学霸坯子"。

听了这个故事，我不禁开始思考，读书和学习，是否可以混为一谈？

答案是否定的，读书是学习的一种，可以泛指步入社会之前的学习经历，但学习却是一辈子都要有所为之的事业。

也许，有的读者会问："学习究竟有什么重要的作用？学习就能够将命运掌握在自己的手中吗？"对此，我的回答是："学习可以让你有机会掌握并改变自己的命运，但如果没有学习的这个过程，命运是永远不会向你低头的。"

一个人，用一辈子的修为去努力学习，或许他学习到的知识不是每一次都被使用到，但有朝一日需要知识帮助的时候，他一定会感谢曾经努力学习的经历，使自己储存了那么丰富的知识，让自己变得如此富有。

我们永远都不可以因为自身的原因，而去否定学习和知识本身的价值。世界之大，总有你喜欢并擅长的领域，等待着你不断地付出和主动地学习，等待你成为这个领域的专家。无论任何时候，学习，作为你的挚交，都不会嫌弃你"迟到"的勤奋。

不失去方向，就不会失去自己

一天下午在外面办事，巧遇多年不见的一位朋友。我没有她的微信，也就意味着这几年未见的时光里，我们彼此之间没有什么交集。虽然是在繁华的闹市区，但我还是一眼就认出了朔玫。

朔玫和我多年前初见时几乎没有什么变化，俊俏的小脸儿上始终洋溢着阳光般的笑容。

我们找了一家咖啡厅坐下。她告诉我，从出版社出来之后，在广告公司做过策划，在医院做过宣传工作，当上医院企划部的主管后又辞职去了投资公司做项目，现在则在一家制造公司做会计。我听着她跳跃般的人生故事，诧异地看着她——到底发生了什么，让我曾认识的内向安静的文艺女孩如此频繁地给自己换"名片"。朔玫则淡然地一边搅拌着卡布奇诺，一边对我说：

"当我把文字从工作中脱离出来，我才发现，工作好像是寄生在梦想上的一颗种子，无论我的工作变化得多么令人难以理解，心底的梦想，从未放弃过。"

她说，一个人的梦想无论有多么高远，只要那颗有梦的心，找对了奔走的方向，沿着这个方向一路走下去，人生也就会成为我们所期盼的那个模样。

"很多情况下，方向比速度、比努力都重要！"朔玟补充说。

心理学家在给小白鼠做实验的时候，发现一个有趣的现象：

将一只小白鼠放进一个它游泳能力范围可及的水池当中，在刚落水的刹那，小白鼠很"冷静"地漂在那里，没有任何的挣扎动作。随即，小白鼠发出叽叽……叽叽……的叫声，叫声传到水池的边缘处，再反射回到小白鼠胡须的边缘。通过反射的信息，小白鼠可以迅速锁定自己靠近岸边的最佳方向，然后心无旁骛地沿着这个最佳的方向游向水池边缘。心理学家将准确无误并且快速游到水池边缘的小白鼠抓起来，剪掉胡须再放回水池中。与刚才沉稳不同的是，这一次小白鼠由于缺失了胡须这个"雷达"，无法辨别方向而急得在水中乱转，最后淹死在水中。

心理学家得出结论，杀死小白鼠的不是水，也不是它被剪掉的胡须，是因为完全丧失信心而迷乱了方向。

即使速度慢，只要方向不错，总能到达终点；但是如果方向都错了，再努力地奔跑也无济于事，因为你离目标越来越远。对很多人而言，这个"目标"可能就是你的竞争对象。

一位名叫阿扎洛夫的美国作家，通过个人的勤奋和努力，使他的前半生得到了无比辉煌的成就，然而由于重新定位，而且定错了位，导致后半生与曾经的辉煌彻底"绝缘"。

阿扎洛夫带着自己满载的辉煌成就荣归故里，在家乡的小城遇见了马利丁，那应该算是文坛界的一个小丑，原本阿扎洛夫和马利丁是没有什么交集的，但马利丁为提升自己的身价，借阿扎洛夫回乡的机会开始大肆散播关于阿扎洛夫的八卦新闻。以阿扎洛夫的气度，理应忽略这件事的，但阿扎洛夫不知道是哪根筋没搭对，不仅很认真地斟酌这个事件，甚至丧失理智地与马利丁在报刊上进行了连续多年的"论战"。

一个人的精力并非无限，一旦在某件事情上被牵涉了更多，就很难在其他更为有意义的事情上有所倾心了。马利丁依附着与阿扎洛夫在小报上的"论战"，收获了难以置信的名和利。而阿扎洛夫却用尽了自己的后半生艺术生命，搭错了车，偏离了曾经辉煌的轨迹，成为令世人耻笑的爆点，最后抑郁而终。

阿扎洛夫无疑是马利丁最合格的对手，但阿扎洛夫却不应该错误地将马利丁当成自己的对手。在很多事上，对手选错了，人生的方向也就错了；对手选对了，他会促使你不断向前、向上。

大千世界，每一个人、事、物，都会遇到自己的对手，有竞争才会有更好的生存。对手就是一面明镜，让我们更清醒地认识自己、了解自己；对手也是黑暗世界的孔明灯，照亮了黑暗也指明了我们前行的方向。

一只老鼠向狮子提出了挑战，要与其一决高下。狮子拒绝了，说："无论成败，只要我应了你的挑战，那么日后，你都会拿此事向其他动物炫耀——你曾经与狮子共战过。但我，却从此落下了'与老鼠打架'的笑谈。"

有人说，有对手的人才算有真正奋斗的目标，对手可以让你雄心壮志，也可以让你步步为营；没有对手的存在，人生变得没有了光彩。

经济学家曾断言：百事可乐最大的成功，就在于它找到了一个成功的对手——可口可乐。

正确的对手，实际上就是一个奋斗的目标；而方向，也只有在有了目标之后，才会有抵达的意义。

美国哈佛大学曾做过一次有关"目标对人生影响"的调查，调查的对象是一些各方面条件相差无几的年轻人。调查显示：九成以上的人没有明确的目标，6% 的人目标不清晰，只有不到 4% 的人对自己奋斗的目标清晰、明确。数年之后，那不足 4% 的有比较清晰、明确目标的人所拥有的财富，是 96% 没有目标或没有清晰目标的人拥有财富的总和。更加令人感叹的是，占被调查对象 96% 的那部分人，一生的忙忙碌碌都是直接或间接地为那不足 4% 的成功者实现他们的明确目标。

目标，是奋斗方向的前提，目标对了，方向就对；方向对了，人生不会错。

玄奘去西天取经，除了三个徒弟之外，还带了一匹马。取经回来之后，马和玄奘一起返回大唐，马见到了它以前的朋友驴。

驴问："我每天和你一样，都在努力向前走着，为什么你功成名就，成为大唐第一马，而我却什么也没有呢？"

马语重心长地回答："其实，我们每天走的路是一样多的，不同的是，我前行的目标是西天，我的方向就是一路向西。过程中，我不会随意变更方向，也没有理由去后退。而你却不幸地被蒙蔽了眼睛，每天都是不停地围着磨盘拉磨，没有光明，没有目标，没有方向……只是一路向前是不够的。"

于是，我们知道了，努力是必需的，但努力了不一定会有好的结果。如果走在一条错误的道路上，走得越快，离目标就会越远。

越是处境艰难越要坚强努力

纵观积淀数千年文化的中国历史，能够第一时间提出口的，有关困难时期足够坚忍的词汇，当属"卧薪尝胆"。勇者的面前，困难都是暂时的，只要愿意挣脱自我的束缚，笃信一切考验都是为了助增未来的锋芒所做的准备。

历史上逆境求存的典故不胜枚举，春秋时期有越王勾践的卧薪尝胆，18世纪有美国爱迪生的坚持不懈、爱因斯坦的勇于探索，20世纪有英国牛津物理学家史蒂芬·霍金的勇于向命运挑战……

很多读者可能都听过袁姗姗这个名字，她是一名演员、一名被黑过很多次却始终没有放弃"成为一名好演员"的理想的演员。

起初，我对袁姗姗了解得并不多，只知道她演了几部宫廷剧，样貌不是极美。在靠颜值吃饭的娱乐圈，如果她选择靠脸吃饭，很可能是吃不饱的那种。

有那么一段时间，满世界的网友都开始轰炸袁姗姗，然后，很久的时间都未曾在荧屏上看到过她。再后来，健身圈出现了两个关键词：马甲线、A4腰，主人公正是袁姗姗。于是，当初黑过袁姗姗的那些网友们，一部分为她的执着和励志所感动，至少不再黑她。

　　前不久，袁姗姗主演的电视连续剧《云巅之上》上映，剧情讲的是，一个喜欢表演的女演员，因为自己足够努力而获得了一定的成绩，但在毫无背景之下，她的这份努力却成为别人的眼中钉、肉中刺，有心之人更是强加阻挠和无限拉黑。

　　几经拉黑、翻身、再拉黑、再翻身……剧中的袁姗姗一直都在积极阳光地努力着。没有人知道她坚强的背后有多少委屈，也没有人能够理解，被黑成这样了还有什么理由不放弃。萱萱是一个年仅9岁的小女孩，从出生的时候开始，上苍就没怎么眷顾过这个命运多舛的女孩。萱萱的妈妈曾经是村子里的第一大美女，年轻的时候曾随同村里的姑娘们一起南下打工，因为长得确实漂亮，总是受到社会上的不良青年的骚扰。几年之后，萱萱的妈妈从南方回到家乡的山村，那时候她已经受到严重的精神创伤，疯疯癫癫的，不认识任何人。萱萱的爸爸是山村里最老实巴交的男青年。村民们都很照顾这位一岁时不小心掉进灶台，脑子受过伤的人。

　　同样都是智力和精神有缺陷，萱萱的爸爸妈妈很自然地被撮合在了一起，组建了家庭，并有了小萱萱。为了家庭生计，萱萱的爸爸要经常出门打零工，最脏最累没人愿做的活计，都被萱萱的爸爸包揽了。可即便这样，萱萱妈妈一年所有的花销，还是让这个贫穷的家庭入不敷出。

与昂贵的医药费相比，更可怕的是萱萱妈妈一旦犯了病，萱萱的生命就会遭受极大的"威胁"。有一次，妈妈犯病，萱萱就被妈妈丢弃到水池里，正值深秋季节，如果不是及时赶到的爸爸救起萱萱，一个幼小的生命，怕是就此戛然而止了。

有福利机构和爱心人士知道萱萱的境遇后，纷纷伸出援助之手，也不乏有人想要领养懂事的萱萱，但都被她婉言回绝了。萱萱说，她走了，就没有人照顾生病的妈妈，也没有人给忙碌于工作的爸爸洗衣做饭。

当问到有什么理想和愿望的时候，萱萱不假思索地表示：长大了当一名医生，把妈妈的病治好，让爸爸不用再这么辛苦地赚钱养家。

所有小天使们享受到的再平凡不过的生活，萱萱都没有奢望过。在她的生活中，母亲离得很近，母爱却离得很远。有人说，这样的孩子，是受到三世的恩惠后，今时今日前来报恩的；也有人说，没有过希望的人自然也就没有绝望的危险。

然而，我们不小心忽略了，能够使人在困境面前不低头前行的，是内心强大的理想。

柳传志说，他在创业路上经历过生生死死，但一直很快乐，只因心中有着不灭的理想。创业之初，旧体制与创新思潮的猛烈撞击，让他如履薄冰。时过境迁，满载着收获与财富的柳传志却依然对那个时代感激不已：毕竟赶上了，在自己还不太老的时候，还来得及追逐理想。

很多被称为理想的小火花，或许在最初的行径里，一切还只是未知。

马云曾说："我永远相信只要永不放弃，我们还是有机会的。最后，我们还是坚信一点，这世界上只要有梦想，只要不断努力，只要不断学习，不管你长得如何，不管是这样，还是那样，男人的长相往往和他的才华成反比。今天很残酷，明天更残酷，后天很美好，但绝大部分人是死在明天晚上，所以每个人都不要放弃今天。"

有社会学家分析，越是困难的处境，越是容易造就出绝世的成功者。

于是，我想到了褚时健。

一个少年时义无反顾地参加革命，却因反右不力被打成"右派"；60多岁坐拥年创利税近200亿元的烟草帝国的"老爷子"，却因贪污罪被判无期徒刑；入狱三年后保外就医，出狱两年后开始承包2000亩荒山创业；84岁时，他再次成为拥有35万株冰糖橙的亿万富翁。褚时健是中国最具有争议性的财经人物之一，却也是世界罕见的，身陷囹圄之后还能在古稀之年东山再起的企业家。

褚时健，变成了励志的代言人，跌宕起伏的人生激励了几代努力奋斗前行的人们。于是，我们开始相信，真正的英雄，总是会在无法想象的困难中，在不可思议的拐点上铿锵崛起，因为他们心中，理想一直热情不减。

巴尔扎克说过，世界上的事情永远不是绝对的，结果完全因人而异。苦难对于天才是一块垫脚石，对于强者是一笔财富，对于弱者是一个万丈深渊。

你要相信，没有到不了的明天

　　有一处断崖，很少有人去攀岩和停留，这一世，或许都未曾得到过些许的关注。满崖壁上错落地生长着各种杂草和矮树丛。有一天，一颗百合花的种子，在风儿的携带下，漂洋过海、翻山越岭来到断崖。

　　百合花的种子慢慢习惯了这里的阳光、空气、土壤、水分……开始贮备能量。起初，百合花苗和周围的杂草别无二致，可是，它心里始终坚定着一个信念：它是一株百合花，不是一棵野草，而开出美丽的花朵，是它证明自己是百合花的唯一方式。

　　百合花没有亲人，也没有朋友，在杂草和矮树丛生长的环境，它甚至备受质疑和误解，认为它不自量力、好高骛远。生存的环境对于百合来说是无比艰难的，或许，最能够支持它生存下去的就是努力生长、开花这个念头。

　　有了这个念头，百合花努力吮吸着阳光和水分，借助大自然最宝贵的"免费滋补品"开始深深扎根于断崖。不以自己高贵的身份而妄自尊大，亦不以身处恶劣环境而捶胸顿足，在一个春意盎然的清晨，百合花开出了第一个花蕾。

花蕾若希望一般，给百合的坚持生长予以莫大的慰藉。百合心里十分欣喜，相信努力后就一定会有结果。即便遭到附近野草的不屑和嘲讽，并轻蔑地告诉它，纵然它会开花，但在无人问津的断崖，它的价值依然和杂草一样。

百合努力地表态：它既然知道自己是一株花而不是一棵草，那就一定会竭尽全力地去开花，完成一株花的使命。它喜欢以花的形式证明自己的存在，有没有人欣赏都不影响它努力开花的念头。

生命的伟大就在于，不管环境多么恶劣，前方的路途多么艰难，只要希望在，生命就会充满无限的力量。

断崖边的百合花一朵一朵地开起来，春去秋又来，百合花一株一株地繁殖和生长。若干年后，断崖上、山谷里、草原上开满了洁白的野百合。远在千里之外的人们，开始从城市、乡村慕名而来，欣赏这株野百合。每一株百合都不忘第一株百合纯洁的希望——全心全意默默地开花，以花来证明自己的存在。

这个世界上，最宝贵的东西都是免费的，比如阳光、水分和希望。人，无论贫富贵贱，都生活在同一片蓝天下，感受着同一个太阳的光照和温暖。

综合医院的呼吸病区，住着一些因各种诱因导致的呼吸困难患者群，他们必须每天24小时接受氧气的供给。

李峰是重症监护病房里最年轻的一位病号，今年才 26 岁。面对七八十岁的同病房病友，李峰的心情就像他年轻的生命一样，总是给人阳光般的温暖。李峰说，他最大的愿望就是能够像正常人一样去深深吸一口免费的氧气！

每个呼吸困难或身体内氧量不足的患者，鼻子上都会戴着氧气管，除了吃饭和去卫生间，包括睡觉在内的所有时间都要挂着氧气管，按小时计费。李峰的哮喘病遗传自母亲，属于过敏性体质，最严重的一次，他感受到了死亡就在眼前，那是一种，哪怕一口气没喘息明白，就可能与世界永别的恐惧。

26 岁之前，李峰不知道，原来呼吸氧气也是需要交费的。那时候，他很富有，留美硕博连读的全额奖学金拿在手里沉甸甸的，父母白手创办起来的公司，虽与世界 500 强公司有很长一段距离，但在二线城市的私企队列中，也是凤毛麟角的一抹辉煌。26 岁这一年，李峰的过敏性哮喘第一次发作，他不得不依赖氧气管"苟延残喘"着。这时候，他认为自己是世界上最可怜的穷人，连呼吸都困难。

他不得不休学回到国内接受治疗。正常来说，过敏性哮喘不是什么不治的绝症，只要控制得当，一般的健康还是可以保证的。只是，当一个人突然之间发现，曾经唾手可得的东西，一下子需要支付昂贵的价格才能拥有，内心的失落与不平衡，就像烈火中的冰雪，灼痛的不只是身体，还有心灵。

很多人，在面对失去的时候，并不能做到完全的不以为然，毕竟那份看上去高贵的"大度"，需要前所未有的坚强做砥柱。

读王石的"故事"时发现，他也曾经面临着失去。与常人不同的是，他正视即将的"失去"，并且在失去之前，努力过好每一秒钟奢侈的"拥有"。

二十几年前，王石正当壮年，却被医生告知，他的腰椎处长了血管瘤。腰椎血管瘤多发于中年，虽然属于良性，但就怕破裂。万科地产当时俨然登上了中国地产的龙头之位，当家人王石的忙碌可想而知，医生并非恐吓，血管一旦破裂，王石的下半生只怕就要与轮椅为伴了。

在生与死的面前，人都是胆怯的。勇敢者怀揣着一颗拼搏的心，乾坤就此扭转也说不定。

在轮椅尚未代替双腿之前，王石有个重要的事情一定要去完成——登顶珠穆朗玛峰。

做到地产龙头的王石自然清楚，想要"建设"摩天大楼，根基是关键。登顶珠穆朗玛峰，首先要让自己的身体熟悉攀登和高峰处的气流。

于是，王石开始了为期两年的登山运动，广东地区近二十座1000米以上的山峰都依次落在王石的脚下，身体经过多次适应性训练后，王石便开启了西藏之旅。

西藏与外界之间，有种彼此为对方身体上"肿瘤"的意味，人的身体在西藏的地域间会出现明显的排斥反应，这又好像是西藏对"入侵者"潜在的一种抵御。有句话是说，人不是在绝望中诞生，就是在绝望中毁灭。西藏与"入侵者"之间的排斥反应也是这个道理，他们彼此之间，不是在排斥中习惯，就是在排斥中惨遭摧残。

"入侵"西藏一个月，王石与西藏，已然一体。

有人说，心的高度决定了脚下的路，而王石，却用自己坚实的脚步，一步一步丈量出心的伟大。生命的极限，并不受制于病痛的牵连，命运总想用自己的习惯决定人的历程，若你不屈，它就会妥协。

从西藏回归，身体的本能就是倍感精力充沛，仿若世间一切困难险阻都可跨越，任何纠结也都可以破解，混沌不清的局面，总有一天看得明白。生死线走过一回的人，周身的一切事物都变得鲜活起来。

王石说："一个登过山的人，跟平平坦坦走着的人，确实大不一样。"

世间的很多事物，都是一物降一物的。矛盾、成功与失败、疾病与健康、积极与消极、希望与绝望、光明与黑暗……身临绝境的人，剩下的多半是颓唐的放弃。但若此时，你依然坚信希望不渺茫，光阴不负年华，有信念、不放弃，你未曾发现的潜力，就会带你跨越面前的坎坷。你要相信，自己的坚持和不放弃是最正确的选择。

心之所向，素履以往

　　有时候，选项多了，却也难以做出选择了。

　　这个世界上，所有人都渴望成功、渴望幸福，人们花了大量的时间去学习和尝试各种收获美好的技能，不断积累经验、财富。但是，倘若这份努力的背后缺少了心灵的积极参与，或许财富也会失去正面的力量，甚至让人"负债"累累。

　　还有一些人认为，只有握在手里的东西才是真正属于自己的，否则，再亲密无间也是徒有虚名。于是，机会未成熟，就开始蠢蠢欲动，到头来，得到的不牢靠，想要得到的近在咫尺、远在天涯。瞻前顾后，难免会慌中出乱。大悲大喜对心灵的伤害，就像血压冲击血管一样，太高或太低，都会影响健康。

　　这样的彷徨并不是无厘头的绝望，更多是来自对失败的恐慌，对成功的迷惘，我们耳熟能详的企业家在创业历程中，也不可避免地经历过失败，但他们却敢于直面失败。你会发现，那些"擅长"

言论自己失败的企业家，最终也都是行业中最成功的功勋级人物。

在《做你最仰慕的人——沃伦·巴菲特》一书中，我们知道那些在失败中突围的人，更容易得到"失败"的诱因，从而直接规避失败，绕道趋近成功。

所谓的"股神"巴菲特，并不是完全意义上的投机者、天才股票玩家，也不是只成功不失败。确切地讲，有关巴菲特和他的股票投资，成功的次数多，失败的次数也不少。

巴菲特曾经投资过一家天然气公司，20亿美元买下一家能源期货公司的多种债券，事实上，若非国家天然气来一场说涨就涨的价格战，持续低迷的行情是没有任何反转余地的。像这样投资失败的案例，发生在巴菲特身上的并不少见。为什么这些失败，丝毫没有影响到巴菲特的"股神"威名？

正因为巴菲特肯在自己选择的事业面前低头钻研、正视一切失败和教训。

每个行业的龙头，它从一开始就不是小虾米。龙很多，但"头"只有一个，一件事情做到极致，当事者势必要先入为主，不说成为深度的科研专家，至少也要成为行业的活词典。难题袭来，正确的解题方法和步骤是关键。困难并不可怕，只要有准备、有计划、有信心，克服困难就不难。

为了研究明白股票的奥妙，巴菲特用了四年的时间研究经济，硬是把自己培养成为一名顶级的经济学家。之后又用了近二十年的时间实操企业的资金管理和财务运营。

42 岁之前，巴菲特的投资在他看来还只能算是"投机"，成功了是巧合，失败了是必然。直到 42 岁之后，他才重新定义自己的股票投资事业——长期持有固定优质股票。

像巴菲特这样大器晚成的企业家，全世界有很多，也许是机遇未到，也许是准备还不充分。年轻的时候，他们也走过很多"冤枉路"，选择在中年之后开始燃起希望，相信在此之前的所有努力和失败，都是漫长的前奏，也是夯实的基础。

只要不放弃，希望就还在。很多你认为的所谓为成功付出的坚持，当你转念之间会发现，那不过是你沿途的灰尘，眯了眼罢了。

老人们常说一句话"树挪死，人挪活"，说的就是人的身和心，在保持一致的同时，也不要忘记了适时转动。没有人希望自己失败，可错误的坚持不就是背离成功，渐行渐远吗？

失败不可怕，可怕的是不敢直视失败的眼睛，不敢直面失败的心理。失败与成功的距离不是坚持，而是转念、灵活的变通！

甲和乙两位年轻人准备去外地采购一些本地的必需品，带回售卖，赚取利润。二人同时出发，到达同一目的地，也用各自全部的资金购买了足够的商品——麻布，因为麻布在他们的家乡是最有价值的商品。

返程归途，二人经过盛产毛皮、紧缺麻布的 A 城，甲卖掉了自己的麻布，换成了价值更丰盈的毛皮，另外还有一些现金的剩余；乙认为家乡对毛皮的需求不大，拒绝了变卖麻布。接着，二人路过盛产药材又紧缺毛皮和麻布的 B 城，甲将毛皮换成家乡需求更大的药材，乙则依然坚持固有的思想。走着走着，二人路过盛产黄金但紧缺药材和麻布的 C 城，甲直接将自己现存的所有药材变现为黄金，乙还是坚持带着麻布回家乡。最后回到家乡，乙用辛辛苦苦坚持带回来的麻布换回的蝇头小利，远远不及自己一路的辛苦和付出，更不及甲从 C 城变现的黄金。

很多鼓励人心的语句都在告诉我们：坚持就一定会有结果。可是却没有说明，这个结果是好还是坏；也有企业家豪情万丈地为后来人"铺路"，表示"创业没有对错，只要坚持就一定会成功"，然而却没有说明，这样的成功到底与坚持者的努力是否对等。

我们有理由相信，那些对错误一意孤行的坚持，实际上是不敢承认失败的懦弱。真正可以毁掉一个勤奋者成功的根源，就是强大的自以为是，那些不眠不休的追逐，哪怕随时都可能被超越的危机感，仔细回眸，难道不也是一种莫大的鼓励和鞭策吗？那种被追赶的感觉，不也正是将"头"们推波助澜至风口浪尖的始作俑者吗？

改变命运的，从来都是灵活的努力，与其纠结于该去选择哪一条路堪称捷径，不如在迷茫之际学会转变念头。目标就在那里，你不动，它不动，又何必揪心于以何种形式抵达？

人生很公平，你付出多少便收获多少！

　　小优在贵州某一偏僻的小山村支教已有一年，用小优的话说，这是她二十几年生命中，最充实、最有意义的一年。以前只是看着公益广告，就已经很是感同身受了，这一次与贫困儿童相依相伴，彻底让小优感怀，人世间最美好的幸福，来自心里的坦荡与阳光。

　　小优的家境一般，勉强能够支持她从初中开始学习美术，至艺术院校毕业，但已经很难再拿出钱帮她"打点"某学校有编制的教师职位了。不想放弃美术，也不想放弃校园，让两个挚爱的选择同时并进，小优唯有加入到国家"三支一扶"，去支援偏远山区的教育事业，支教满两年，便有机会获得户籍所在地学校教师的岗位。

　　为了谋求一份工作，并非本意地去支教，这是小优最初的想法，然而当她踏入到支教的学校后才明白，有些人的快乐建立在物质之上，有些人的快乐则伴随着心灵的温度愈加安分知足。

　　"小优老师，您看我画的太阳大不大？能不能照射到天上？"

"我们能看得见的太阳，就挂在天上啊，为什么还要画个太阳去照射到天上呢？"

"梦里的奶奶告诉我，她会在天上祝福我健康长大。可我只有闭上眼睛才能看见奶奶，我想如果我画的太阳足够大，就能够照亮梦里的天空，让奶奶陪在我身边了。"

和小优有这段对话的是一个叫浩泽的8岁男孩，在小优支教的小学读二年级。孩子的父母是艾滋病毒携带者，在浩泽出生的那一年相继因病而逝，好在浩泽的身体是健康的。浩泽和祖母相依为命，可是天有不测风云，浩泽祖母因为体弱多病又没有得到及时有效的治疗，两年前撒下孙子撒手人寰了。

好心的邻居给小浩泽一些新鲜的蔬菜和大米，他就把大米和蔬菜放在一起煮，对于他而言，这就是最美味的了。尽管浩泽的身体内没有艾滋病毒，但村民们还是离他远远的，更没有同龄的伙伴陪他玩。为了给孩子提供更好的教育，学校不得不为浩泽开辟一个绿色课堂——一对一教学。生活的困难，亲人的远去，并未使这个懵懂的孩子失去对生活的希望。

浩泽每天自己做饭、洗衣、上学，他还跟好心的村支书学会了种菜，虽然总会将杂草当成蔬菜吃掉，将菜苗当成杂草除去，但是小浩泽从未因为自己的可怜而怨天尤人，他像阳光一样，活得灿烂。

小优了解了浩泽的身世，有种领养他的冲动，村支书知道后，第一时间"制止"了她，在那样一个贫穷的小山村，像浩泽这样身世可怜的孩子比比皆是，要不然，怎么就困苦到需要国家"三支一扶"呢？

顺流而下的船只要把握好方向，几乎不用费任何的力气就能够顺利前行，逆流而上的船只有时刻保持正确的姿势，拼尽全力不停划动，方能艰难前行。

河有顺流也有逆流，没有一个人的一生始终处于困境之中。但是，生活不是几篇鸡汤文就可以彻底变的，更需要强大的自我和希望，要相信，阳光可以照亮一切看不见的黑暗。

其实，每一个人的内心，都会至少有两个"我"。悲观的时候，积极的"我"会鼓励自己；自大的时候，消极的"我"又会冒出来敲打和鞭策自己。积极成分多一些的人，生命中被阳光照亮的时间会更多，这个世界有时候就是没理由地倔强，越是努力的人越是优秀，越是没有自信的人越是饱经沧桑。

因为，所有的成绩都和努力有关，投机取巧是不会长久的。

第二章

当你抱怨的时候，
实际上你还不够强大

当你的才华还配不上梦想

认识阿旭的时候，我们都二十几岁，那时年轻就是最大的资本。为了能追到自己喜欢的女孩，为了能在工作中逆流而上，为了能在残酷的社会中不被淘汰，阿旭就像绷紧的钟表，24小时里的每一秒，都好似被鸡血超量覆盖一样精神抖擞。朋友曾问过他，你这样无休止地奋斗，难道不累吗？

阿旭淡然地表示，他的才华还配不上自己的梦想，除了继续努力之外，他无路可走。

这就是心态积极的人，最正常的一个思想套路。不会为自己偶尔的精神松弛，去找任何无厘头的借口，也不会因为一时的富丽堂皇而忘却曾经的"陋室之铭"。

实际上，阿旭就是那种十分努力，也十分优秀的年轻人。工作上成绩突出，但凡别的同事有请教和求助，他从来都是"好啊，我有空""别客气，一点不打扰"，几句真诚又贴心的回复，给他人一种自然而然的存在感。所以，我们看到的阿旭，总是很忙的样子，忙着自己的事，也忙着帮别人解决困难。

很多年过去了，当年的一批热血男儿，如今都为人夫、为人父。时光轴在青春的年少中，倾注懵懂和热忱，待到中年，又加了一把狠狠的力道，有人厚积薄发、有人偃旗息鼓。成熟的代价就是，要么梦想变成了现实，要么成为别人的现实。

现在的阿旭，是一家连锁上市机构驻北京公司的 CEO。每天他要处理的事情，不再是领导下达的做不完的工作，也不是同事频繁的请教，他思考更多的是，如何将企业稳中求速，在质变的根源上给量变做 N 次方。

阿旭在公司年度会议上，做了一场精彩纷呈的报告，也可以说是他二十几年奋斗史的励志演讲。那种激昂澎湃的气场，是这个年龄的男子少有的斗志，也是当下年轻人浮躁的情绪中昂贵的稳重。阿旭说过一句很经典的话："屁股决定脑袋！"显然，你坐在什么样的位置上，那个位置就决定着你应该做哪些思考和行为支配。

依稀记得，这句话还包含着另一层意思，是说一个人做了多少事，收获了哪些心得体会，并在此基础上做了哪些努力，直接影响这个人的思维、心理和行为。

事情做得多了，总不是坏事，当初帮助同事做些工作，让阿旭迅速地成长起来，并悄悄地收藏好自己的才华，待到梦想迸发的时刻，瞬间照亮前所未有的前途。这个世界上，最出神入化的一大招数，不是什么独门秘籍，也不是刀光剑影的利器，而是，一个比你优秀、比你努力的人，在你打瞌睡和放空自己的时候，还在继续努力着。

世界从来都不缺少梦想家，也不缺少勤奋努力的人，真正缺少的是，梦想得以实现后，不驻足前进的步伐，在接下来更宏伟的梦想实现之前，继续努力向前。

梦想无限大，需要更大的才华去与之相配。

当然，这样的人还是很少的，所以才显得弥足珍贵。而存在于我们生活中的绝大多数，所谓的为了梦想努力的人，实际上与梦想之间的距离却无限远，远到努力着、努力着，就累了。

多数人认定，努力了就一定会有好的结果，可却忽略了，努力的方向对与否，努力的真实性有多少。

一些人，看似很努力地学习和工作，实际上，也真的就只是"看上去"而已。别人不知道，你低下头是思考还是睡觉，也不知道你看的书，是一目十行还是字字走心。努力，就像头脑中的两阵风，吹走乌云，抑或送来沙尘，完全取决于你自己的风向标。

努力的人，不一定事事优秀，但至少比不努力的更容易取得好成绩。一个人的努力，依靠自己的倾诉而非旁人的认同，怕是也经不起推敲。

曾纡在分班那次考核中，以全年级倒数第二名的成绩，一下子从实验班被无情地甩到普通班。老师和同学们都很意外，毕竟在大多数的人眼中，她是一名学习成绩优异，又十分刻苦努力的好学生。

是他人眼中的意外，恰是曾纡心中的必然。一直以来，曾纡的每一次考试，都与学习成绩好的同学前后桌，她的成绩自然也离不开别人的功劳。那次分班考试，曾纡未能如愿比邻学习好的同学，真实的成绩自然也就被曝光出来。

经不起推敲的优秀，再拼命去"包庇"也无济于事。蒙混过关的，从来都只是你自己的那份不确定，那些越努力越优秀的人，即便你鄙视，也依然鲜活于世。这大概就是梦想的伟大之处，能够让努力的人不断去挖掘自身的潜力，也会暴露出伪努力背后的不堪回首。

如果你的才华，还配不上高高在上的梦想，那就再多努力一些吧！

既然人生逃不掉，就请勇敢面对

世人都说，男儿有泪不轻弹，可我还是在看一部电影的时候，从头到尾哭得一发不可收拾。那部电影就是《滚蛋吧，肿瘤君》。

电影上映的时候，熊顿已经离开了观众和读者，那个总是傻傻笑着的女孩，她坚强的外表下脆弱的命运，又或者说在不可逆转的病魔面前顽强的生命力，足以震撼我的心灵。

回想起年轻时候的自己，每一次考试失利后，都能找出一个恰到好处的理由，给自己的不努力寻回些面子，不至于被别人说成是问题学生。走上工作岗位，领导交代的工作没能及时完成，善于总结借口的我，还是可以每一次都用恰当的理由给搪塞过去。看起来都不是自己的错误造成的过失，找起理由来，都显得那么随心应手。

我从未认真地总结过，自己到底有多么不思进取，然后回忆起来又告诉自己，谁的青春没有犯过错？青春是自己的，世界却是大家的，所以我们在欺骗自己的时候，千万不能忽略世界的智慧，太多的事情，骗自己容易，骗世界可就难了。

小薇 13 岁那年，父母离异。大家都觉得，她应该怨恨父母对她做出的残酷选择，出乎意料的是，小薇却是感谢父母的分开。小薇说，父母从小对她就不闻不问，就连家长会，都是小薇自己给自己开，不得不编个理由蒙混老师的时候，小薇会说父母"加班"。说这话时，小薇一点儿底气都没有，都不敢直视老师的目光。

所谓的父母"加班"，实际上就是喝酒吃肉打麻将。她从未体会过，什么是金色的童年；从未感受过，在爱中长大的孩子有多幸福。很多个无眠的夜，小薇一个人站在窗下，凝望星空寻找最微乎其微的她，然后大声告诉自己：一切，就靠自己吧！

母亲离开家后，一直未联系过小薇，这个傻傻的姑娘，在没有感受过母爱的时候，她已经失去了同龄人本该有的幸福。家都说，青春期和叛逆期重叠在一起的时候，容易形成"泥石流"，摧毁人的意志和所有的积极，小薇不幸地遭遇了"泥石流"，但又幸运地战胜了消极叛逆的自己。所以她会说，最应该感谢的就是自己，因为足够积极和努力，现在才生长得这般美好。

小薇说，人都无法选择自己的出生和父母，但未来的生活却可以通过努力有所改变，甚至蜕变。大概经历过那样的家庭，她总会比他人更为坚强和勇敢。不是所有人都欣赏那种骨子里透着倔强的勇敢，但在困境的面前，这样的勇敢最有机会突围。

或许是从小就缺少家庭的温暖，这个坚强的女孩，过早地开始强颜欢笑，迎合这个世界，也十分迫切地早早组建起自己的小家庭。

回忆里，亲人很模糊，很陌生；现实中，亲人需要重新做出定义。

常听到一个词语，用来比喻好的结果总要披荆斩棘，费一番周折后方能兑现，这个词语就是"好事多磨"。在准备接受命运馈赠给她吉祥的礼物之际，小薇被查出患有严重的妊娠症，最终还是在胎儿七个半月龄的时候，因为体内大出血，不得不提前将孩子进行剖宫产。

手术进行得并不顺利，由于小薇自身的免疫力弱，给生产过程带来了极大风险，加之孩子未足月，手术进行到两个小时的时候，医生告诉家属，大人和孩子只能保一个。

全麻状态下的人通常是没有知觉的，但小薇有很强的意识——她要活下来，也要孩子活下来。生命脆弱的时候，需要心灵和意识给予强大的信心，要相信，再坚持一下，一切都会好起来。

幸运的是，小薇和孩子都好好地活了下来。

比起小薇，我和我能想到的亲朋好友，怕是没谁比得过她命运的悲壮。很多时候，我们擅长于强调坚强和勇敢，却做不到以身作则，冠冕堂皇的说辞一堆，真正能有价值的却少得可怜。在命运的面前，你若低了头，它就会扬起高傲的战旗，挥舞着挑衅你的韧性。

困难横在那里，一些人直接屏蔽，认为不去理会终会过去，这样就有些掩耳盗铃，自欺欺人了。

一时的逃避和无视，只能在眼前的刹那间寻得一些虚无缥缈的清净，你所忽略的不想理会的事，正在你的周身发酵，然后悄然发生，让人措手不及。

能够让人不由自主选择逃避的，一定有它存在的理由，既然无法逃脱命运的馈赠，那就欣然接受吧。你总要相信，曾经受过的苦、遭过的罪，都是上苍给你命运提早做出的安排，不管你接受与否，该承受的苦，一点儿也不会稀释，更不会减少。

很多事情，越想逃避越逃脱不掉，而且还会牵制心灵和精神，让人备受心力交瘁之苦。没有谁的一生，幸运地踩着红毯一路走过。所谓的年轻就是本钱，不就是用来"折腾"的吗？

挫折，才能使你更强大

喜欢向日葵，因为它永远都是仰着头大笑。每天清晨的 4 点到 6 点，上班的白领、上学的孩童都还没有睁开眼，太阳花却已经开起了大大的花。山野间、稻田边，抑或某一处，都能看到一朵"小太阳"，挺拔地站立在那儿，不卑不亢、不屈不挠。

它没有牡丹、芍药的富贵，也没有蜡梅、秋菊的傲骨。很少有人特意抽出时间去欣赏它，也很少有人将它移植在家。它一生唯一的一次低头，就是种子成熟赠予世界的时候。

世间万物，能够流芳百世、名垂千古，或被人们铭记的，多是英雄、明星、为人类做出巨大贡献者。不可否认，这些人物，确实存在感超强，也确实有被传颂的意义。但并不是说，除此之外更多的平平凡凡的人，就没有存在感。社会的美好，离不开金字塔尖上人的雕刻，但真正为世界做出最多贡献的，是那些平凡的人。

你我，都是平凡的人，却有着绝不平凡的人生。

我们有梦想，在追逐梦想的途中相遇，在生命燃烧最烈时相知，在和煦的春风里像太阳花一样如期绽放。浮生，因坚持梦想的执着而精彩；时光，雕刻着人生，成就了最美的世界，也成就了最好的自己。如果有一天，环境迫使你不得不变得更加强大，你的世界由原来的小路变成了更广阔的田野，你追逐的事物开始越来越多，名利、财富、地位……

累了，缓一缓，或者停一停，你旁边的和走过的，都是一道道不容错失的风景。敞开你的臂膀，用力去呼吸，别放弃继续善待心底最初的梦想、最想成为的自己。

夜虽黑，却有星月为伴；辰星虽微，却始终闪耀。人或事物的存在，都有各自别样的价值，那个属于自己的世界，追寻梦想的生命才最有意义。逢山开路、遇水架桥，机遇从来都是因那些有准备的努力而成为特例。奔波的路途，会有荆棘、会有坎坷，但走着走着你会发现，不依托外力，迈开的那段路，已很远很远。

当你学会了勇敢面对挫折、自信迎接挑战、真诚对待朋友、宽容对待彼岸，你的人生就不再是一条静默的单行路。顺境与逆境的差别是，顺境可以让你成长得很快，但逆境却是一直在给你创造着成长的机会。未来的某一天你会发现，一路走来没有被毁灭的梦想，让你变得更真实，也更强大。

喜欢向着太阳花盛开的方向奔跑，唯愿与它同在阳光下放肆地微笑！每一份为努力而付出的坚持，我都格外珍惜，因为我坚信，明天的我一定会感谢今天如此努力的自己。

努力过的人生，才不会留有遗憾

中国有句古话说："世上无难事，只怕有心人。"

随着时间的流逝，很多我们曾经认为不可能实现的梦想，被其他更努力的人实现了；很多我们看不到方向的路径，已经被奋斗者铺满了阳光。我们不能够说，世界上所有的事情都会得到解决，但至少我们相信，那些遥不可及的梦想，终将有理由变成现实。

深海中有一种生物，它丝毫不动，就能够静止在水域中的某处，就像水滴的一部分，不升不降。这种生物就是鱼，让它在水中实现静止的，是它身体中叫作鳔的东西。

鱼鳔使鱼本身可以自产浮力，自由控制身体停留在某一层水流中，或行或静。除此之外，鱼鳔给鱼的腹腔创造出极大的空间，在强大的水压下，可以很好地保护五脏六腑的健康安全。可以说，鱼鳔就是掌管鱼儿生命的"再生父母"。

鱼鳔这么重要，没有鱼鳔的鱼，应该没有什么可生还的概率了。

可是有一种鱼，天生就没有鱼鳔，却活得久过恐龙，它就是鱼类的"大 boss"鲨鱼。

鲨鱼的种类有很多，但没有一种鲨鱼有鱼鳔，这注定了它们无法自产浮力在水中"静静"，注定了它们没有强大的空间去保护身体的重要组织。等待它们的，只剩下了不停歇地游行。

科学家曾做过研究，鲨鱼因为"静"不下来，要想不沉入海底一命呜呼，就必须借助肌肉的力量拼命地游行，这就本能地练就了鲨鱼强健的体魄，并实力担当"海洋霸主"。

出生在澳大利亚的力克，从未感受过四肢运动的乐趣，因为他从出生的那一刻起，就没有四肢。力克曾经梦想着拥有奢侈又平凡的四肢，但梦醒来，还是无情地破灭了。力克并没有因此而放弃生命，他努力地活着，更好地活着。

他可以自己解决吃饭、穿衣，做更多力所能及的家务；可以爬楼梯、操作电脑和游泳。19 岁开始，力克的"足迹"遍布亚洲、非洲、美洲的多个国家，为超过千万异国同胞传递信仰与爱。人们说，力克将自己活成了一本"励志书籍"。

如果生命不小心少给了我们幸运的事情，我们真的就要向命运低头，向生命投降吗？我相信，上帝在为每一个人关上一扇门的同时，都会公平地再打开一扇窗。只是，需要你去认真寻找，那个可以蜕变生命的窗。

前不久，网络上流传出一张多年前，马云在学生时代与同学的合影，当时，毫不起眼的马云出现在照片上一个同样毫不起眼的位置上。从容貌上都无情地减分，照片上的马云，可以说都算不上是绿叶和陪衬，又或者不留情面地说，算他是背景图，都有点牵强。

马云的成功，是一本诠释奇迹的书，马云本身，也是一篇活生生的励志范文。众所周知，马云在创业初期，就饱受磨难，经历过无数次创业到失败，失败再创业的历程，今天的马云，成功地颠覆了时代。

曾经，因为容貌而求职失败了两次的马云，没有因此埋怨父母，未能给他生出一张俊美皮囊，也没有痛下决心整形美容。他坚信，最好的就是现在的自己，最能够冲破云霄的也是现在的自己。

经历过就业的失败，马云决定创业，自己给自己当老板的日子总应该更好过一些吧。马云最初的创业，是在杭州成立了海博翻译社。但创业并没有如想象中顺利，甚至入不敷出——第一个月700元的收入，连当时2400元月租金的三分之一还不到。为了维持生计，马云不得已将翻译社一半的空间租给别人，然后再进行"第二职业"支撑翻译社的生存。

从中国黄页到阿里巴巴，马云这一路走得艰辛、困苦。尴尬时，他被当成骗子；最穷时，银行卡里只有200元存款；无助时，一个"非典"差点儿让他关门歇业；委屈时，他为汶川捐出的4744.7万元，无情地被说成是1元钱……

男人的胸怀是用委屈撑大的！对于困难和委屈，马云这样安慰自己。没有谁的成功，是随随便便就握在手里的，最起码你要用力，才能不丢机遇，成功依旧。马云无疑是中国最杰出的成功企业家之一，他背后心酸的努力历程，给所有的年轻创业者莫大的鼓励。

或许，在马云前面不远、后面不久，有很多和他有相似梦想的人。只是，他们的努力还不够，又或者说，在艰难的面前，他们不够勇敢，也不够拼。无法与马云分羹，也就无缘实现梦与现实的碰撞。

当你在埋怨梦想太大不好实现，埋怨现实困苦步履维艰的时候，你是否深刻地问过自己，你的努力是否配得上你的梦想？要知道，现实的残酷是无法用语言名状的，纵使困难重重，你都要去努力争取，如此方有机会成功，也才能不虚度光阴，不愧对生命。

坚持很重要，正确的坚持更重要

如果知道"努力了也不一定成功"，估计会有一部分人放弃；但如果知道"不努力一定不会成功"，相信那些准备放弃的人，应该开始"回头是岸"了。

是的，不是所有的努力都会给奋斗者一份满意的答卷，但我们始终要相信，所有的努力都会开出美丽的花，即使结果无望，也会香气四溢。

这个世界上，有很多望不见尽头的路，路虽远，走下去也会很累，可是不走，就会后悔。社会之大，让我们总能看见，金字塔顶端的佼佼者，他们那么光鲜，那么明媚，仿佛照在他们头顶的太阳与我们的不是一个。

2016年里约奥运会上，中国女排赢得漂亮，也赢得心酸。主教练郎平，果断地坚持起用新人和土攻轮换制，这不是没有风险的。她心里也十分清楚，这是一次豪赌。赢了，举国同庆；输了，名落孙山。

在此之前的亚运会和世锦赛上，郎平尝试过这样的新攻略，得到过肯定的支持，也遭遇过质疑。第一个吃螃蟹的人，总要比常人多一些胆识和决心，更主要的是，就算全世界都不支持你的决定，你也要努力走完这个征程。新的开始，在下一站的黎明，这次之前的黑暗，是上苍对你努力的考验。经得住考验，耐得住寂寞，才有能力驾驭成功。

没有哪个人的成功是一帆风顺的，我们看见的中国女排，从小组赛开始就并不顺利，每一战都赢得擦边。郎平积极的鼓励给了女排姑娘们极大的信心。她们心中牢牢记得主教练郎平的话：比对手多坚持一分钟，就是胜利！

多坚持一分钟，听上去真的不难，可操作起来却又是难上加难。对手的强大、对手的坚持、对手的不放弃，这在角逐之中本就是无懈可击的强大。倘若一招失误，一个不留神，就有可能使自己陷入不胜的僵局。

所以，坚持很重要，正确的坚持更重要。

人的一生当中，总要经历无法预知的风风雨雨，快乐和痛苦同在，骄傲与伤悲同行，顺境让人不费吹灰之力就可以抵达期望的彼岸，逆境则需要加速度方能缓慢前行。意气风发与坦然面对，其实都需要勇气不减。

积极的人生，从来都不需要任何理由去佐证，只要你所期望的还未抵达，那就不要给不努力寻找任何的借口。在你犹豫不决的时候，比你优秀的人依然继续努力着，你不前进，距离就此产生。

世界上没有十全十美的事物，更没有十全十美的人。自身的缺陷和不可逃避的劣势，并不能代表这个人毫无用武之地。你所缺憾的只是单一的方面，剩下的 359° 都是你所能够运用自如的角度，你的优势，也将在某个角度等待你的豪情开启。

就像世间的道路千万条，总有一条路的风景为你而美；世间的好人比比皆是，总有几个志同道合的人，愿意与你同甘苦共患难。

大器晚成的企业家任正非有曾这样说过：人是有差距的，要承认差距存在，一个人对自己所处的环境，要有满足感，不要不断地攀比。你们没有对自己付出的努力有一种满足感，就会不断地折磨自己，并痛苦着，真是身在福中不知福。这不是宿命，宿命是人知道差距后，而不努力去改变。

任正非的这些透彻心扉的感悟，可不是随随便便敲打出来的励志故事，那是他数十年来努力奋斗中，看到的真实，悟到的真知，感受到的真情，一生不变的真实。

每个年度，任正非至少在公司全体大会上发表一次深度感染心灵的演讲。每一次，他提起得最多的一个中心思想就是，华为的冬天！

冬天是寒冷的，处于冬天的人需要保暖；植被凋零等待次年的重生；动物冬眠，以待春天的复苏……发展中企业的冬天，如果做不好"保暖"工作，生命走向怕是就此会发生逆天的转变。

越是艰难困苦，越是磨砺人的意志、提高人的技能。"检验一个公司或部门是否具备良好的企业文化与组织氛围，不是在企业一帆风顺的时候，而是在遇到困难和挫折的时候，古人讲患难知人心，就是这个道理。"华为的经管哲学，在任正非的讲话中依稀可见。

　　做人、做事、做企业，努力过后，或许结果还是遥不可及，可你必须继续向前走。前方的转角，你也不确定哪一个适合换道，都说要去的目标和方向最重要，可依然有太多的努力和坚持不懈是被浪费掉的。你时常发现，一个很近的距离，却在不知道的情况下绕了一段很长的弯路。这就是生活，不绕弯，或许你永远也弄不明白，努力的价值到底有多大。

只有足够努力，才配拥有好运气

2016 年，某卫视举办的世界小姐大赛上，冠军得主是一位中国姑娘。这不是一次只选美的选美大赛，它所言的美，是贯穿整个人生命的美。

那个冠军女孩叫仲擎。

仲擎出生在中国东北的一个小城，父亲是公务员，母亲是全职太太。从仲擎出生后起，母亲就为她美好的人生做出了严谨的规划。3 岁学国学，4 岁学钢琴，5 岁学书法，6 岁学跆拳道，7 岁学主持和表演……

普通的工薪阶层家庭，这样的孩子算是"富养"的。仲擎从小就有的那种优越感，一直伴随着她走完高中，直到赴法留学，她才知道，天之外的天，有多大，也知道了，自己有多么地渺小。

仲擎说着一口流利的中国式法语，母亲在她上高一的时候，就为她选了法国的几所高校，也是从那个时候开始，仲擎第一次接触了法语。抵达法国学校之后，仲擎才发现，异国他乡，她的法语有多么地"奇怪"，一些调皮的同学嘲笑她的中式法语很土。

语言上的不自信，让仲擎的学习成绩也开始走下坡路。更何况在家乡的小学、中学和高中阶段，仲擎也一直以学霸著称。有很长的一段时间，仲擎几乎没有什么朋友，也很少和周围人交流，甚至自认为活着没有尊严。

临近期末，仲擎意识到，摆在她面前有两个选择：一是灰头土脸地回国，二是无论如何也要与"法国求学"死磕到底。

仲擎选择了后者，而且，为了给自己的努力加一些"料"，她拒绝接受父母给她的任何学杂费和生活费，她要从"新"开始，也要彻底地从"心"开始。

为了迅速提高口语，以及给自己赚取生活费和学杂费，仲擎白天上课，晚上去一家意大利面馆打工。起初，一连串晦涩的菜名一度让她崩溃，时常因为报菜名失误、给顾客上菜失误而受到投诉和老板的斥责。仲擎总是在心底给自己掌声，告诉自己：可以学习语言，还能赚钱养自己，你与成功就剩下了继续努力！

很快，仲擎的口语水平迅速提升，但由于她晚间打工，很多次她回到学校时，宿舍都已经熄灯了。时间长了，难免有室友抱怨，为此，仲擎不得不搬出宿舍，与另一名中国女孩一起在学校附近合租。

但那个合租的女孩，不久之后因为不想再继续为钱打拼了，而匆匆忙忙地找了个法国中年离异男子结婚了。一时之间，仲擎找不到合适的合租者，一个人又不堪整个房租的重负，时常因为交不上房租，而被房主"请"出去。

由于工作上足够努力，餐馆的老夫妇，慷慨地允许仲擎吃住在店里，唯一的要求就是不能耽误餐馆开门前和打烊后的清扫工作。

就这样，仲擎一边学习，一边打工，结识了很多法国当地的朋友，以及异国求学的学霸们。她读完了大学，又读完了研究生。一直学习经济管理的仲擎，再次面临人生的抉择——要么回国深造，当一个璀璨的"海龟"；要么留在法国，找一个当地人草草解决掉自己的青春，或者继续做没有多少技术含量的餐饮服务者，那样的话，自己几年的经济学也就彻底白学了。

努力的人，运气总不会太差。

就在仲擎为毕业后的去留产生选择性障碍的时候，机缘巧合的一次机会，她在打工的餐馆结识了中国某卫视负责世界小姐大赛的驻法工作人员。清秀的外表，甜美的笑容，贴心的服务，优秀的成绩，为这个普通的中国女孩加了很多的分值。

这是一个从内秀到外美、从底蕴到张弛，都要求得极为苛刻的选美大赛。仲擎已经很瘦了，172cm 的身高，只有 55 公斤。为了让自己的线条更加适合登上任何的舞台，她还是选择哥本哈根式饮食减肥法。两周的时间，仲擎的体重减掉了 5 公斤，之后在两周的复食期间，仲擎成功地将体重控制在 49 公斤之内。

为期三个月的海选、初赛、复赛、决赛，这个中国东北女孩，以她的聪慧和不懈的坚持，最终将世界冠军的皇冠戴在了头上。大赛组委会，为每一赛季的冠军选手提供一份待遇优厚的工作，仲擎的职业规划，也在这次完美的角逐中得到回报。

坚强的女孩也曾遇到过无数次的举步维艰，每每困窘来袭，她总能想到母亲给自己的榜样力量。母亲虽然是全职太太，但她的优雅绝对配得上她的美丽。记得学习钢琴的时候，母亲告诉仲擎，课堂上，她只管跟着老师好好学，认真记下每一个要领，笔记都交给母亲。后来的无数次练习中，母亲虽然一个手指头都未曾接触过钢琴键，但她夯实的理论基础和指法、技术要领都堪称教授级别。

母亲的身材在同龄人当中算是美的，这与她半生以来坚持的健康饮食习惯不无关系。母亲也是出生在东北，东北人的口味偏重，但母亲却严格控制自己的饮食，不吃腌菜，不吃刺激性的食物，少油少盐地饮食了几十年。

能说母亲不喜好那些美食吗？

不，母亲也爱那些更有滋有味的美食，但她更喜欢那个各方面都看起来很美的自己。时间久了，一开始觉得撑不过去的时候，慢慢就觉得已经很好地适应了。

于是，母亲耳濡目染地教会了仲擎，什么叫真正的坚持。

人外有人，天外有天。生活在大千世界，我们不要因为自己的"寸短"而不自信，更不能因为自己的"尺长"而好高骛远。敢于挑战更坚强的自己，那就只剩下拼命去努力。

相信，奋斗的旅途中，每一次回眸，都能够发现，当初自己咬牙坚持下来的，都是脚底板上坚硬的茧子，也许不够美，却使我们在当下的和接下来的路上，不再恐惧任何的荆棘。拼了命坚持，给予你的不只是坚强，还有成长。

人生没有太早和太晚，一切都刚刚好

台湾著名作家、编剧蔡永康曾经说过：

You gave up swimming when you were 15 years old because you thought swimming was difficult.When you were 18 years old，one day a boy you liked invited you to go swimming，you could only say that you were unable to do it.Once you found that there was a good job，but it only needed people who spoke English well，you could only say "well，I can't." Don't waste time waiting for the future，or you will miss it.

这段话翻译成中文就是：

15 岁你觉得游泳难，放弃游泳，18 岁时你遇到一个你喜欢的人约你去游泳，你只好说我不会啊。18 岁你觉得英语难，放弃英语，28 岁出现一个很棒但要会英语的工作，你只好说我不会啊。

一个人总在仰望和羡慕着别人的幸福，一回头，却发现自己正被别人仰望和羡慕着。其实，每个人都是幸运的。只是，你的幸福，常常在别人的眼里。幸福这座山，原本就没有顶、没有头。你要学会走走停停，看看山岚、赏赏虹霓、吹吹清风，心灵在放松中得到生活的满足。

人生中会出现很多次的不期而遇，只是当它向你走近的时候，若你没有做足准备，它就会从你身边绕开。错失的机遇，往往比遇到的困难更令人沮丧。所以，当你准备好努力奋斗时，千万别给自己找寻任何借口，也不要有"现在才开始努力，会不会为时过晚"的担忧。那些大器晚成的故事告诉我们，努力的人生没有终点，任何时候开启努力模式，都不晚。

滴滴出行的当家人柳青，现在已经是相当华贵、优雅的女强人了，早已摆脱了那个"创二代"柳传志女儿的标签。独立行走江湖，那份尊重得之不易。回头看来，很多创业圈的一代、二代们，正在用实力诠释着"青出于蓝而胜于蓝"。比如柳青比起她"大器晚成"的父亲柳传志，绝对有青出于蓝的潜质。

1984年，柳青刚学会走路不久，柳传志决定放弃13年稳定的编制生活，从研究员的岗位上毅然走下来去经商。那一年，柳传志40岁。他十分艰难地砸锅卖铁，才凑出20多万元的创业金，结果半年的时间，就被骗了14万元。重整旗鼓之后，也未能幸免地在1987年再被骗走300万元。

一个四十多岁的创业者，用尽了家中所有的资金投入创业，遗憾地遭受了两次釜底抽薪般的骗局。此时此刻，如果将创业进行到底，柳传志也不知道自己是否还有那个能够必胜的幸运；如果放弃创业，损失的是之前投入的所有资金、信仰、追逐与梦想。

柳传志选择努力坚持下去，相信苦过了即是甘甜。最终，柳传志的事业实现了第一个"亿目标"，然后是十亿、百亿。

财富，并不是唯一诠释成功的符号，柳传志的成功，也不是以其身家作为标尺来衡量的。能够当得起第一代"中国民营企业家"的名号，柳传志在人生中的努力，绝对值得后来者学习。

世界上只有一个柳传志，但像柳传志一样，人到中年才开始创业的人很多，功成名就的或许就屈指可数了。不是"努力晚了"就很难有结果，而是那些看上去的很努力，含金量差了很多。

中国文学历史上的四大名著，堪称国粹级经典之作，其中之一《西游记》的创作者吴承恩，也是一位大器晚成的文坛巨匠。

吴承恩从小聪明好学，在其家乡苏州淮安也是小有名气的才子，有一目十行、过目不忘的本领，书法绘画、作词谱曲样样精通。但就是这样一个优秀的才子，却也是逢考必败，直到中年才勉强考取了"岁贡生"（明清时，每年或 2～3 年，会从各府、州、县学中选送生员升入国子监就读，称为岁贡。被录用的读书人便是"岁贡生"，即为保送生）。

读了岁贡之后的吴承恩，并未因此而得到国家的重用，不得已辗转来到南京，以卖文为生。30 岁之后，有了创作的计划，但直到50 岁的时候，才创作出《西游记》。由于厌倦官场上的尔虞我诈，吴承恩辞官在家专职写作，坊间又传，吴承恩真正开始创作《西游记》的时候，已经72岁了。

他一生清贫，几乎竭尽全力才完成了《西游记》的创作。如果真的是72岁之后才开始真正创作《西游记》的话，那么吴承恩算得上古今中外的学术界、商界、政界最大器晚成的成功人士。

想想现在的我们，可能因为领导的一句斥责，就认为自己一无是处，转念就打辞职报告的大有人在；因为由衷热爱一项事业，竭尽全力去坚持梦想的实现，但几次挫败之后，大失信心，一蹶不振，再也提不起勇气；还有的人，满腔热血地奔赴创业大军，却在强者如云、竞争无比激烈的环境下，逐渐丧失了创业的信念，遗忘了当初一无所有也要全力以赴的决心。

其实，当初令我们咬紧牙关也难坚持下来的事情，如果坚持下来了，也就没有那么难以企及。那些成功人士，正是因为彼时没有向命运妥协，继续努力奋发图强，此时才有机会选择自己期望的生活方式。

第三章

选择过后，
你要做的是全力以赴

别让无关紧要的事，占据了你的主战场

在做企划的那几年，我曾经很细致地研究和学习过消费者的心理。不是那种教科书版的《消费者心理学》，是比较贴合市场和消费的心理。

很多人在购买物品的时候，并不是因为必须买才会买，在这个过程中，会受到很多因素的影响。如别人都买了，一定有买的理由，或许我现在不需要，可保不准什么时候就需要了，到时候还得再买。于是，在商品销售的环节，出现了一类重要的角色，"托儿"。

再比如，我们很可能特别需要买一样东西，然后在准备购买的时候，突然发现，身边很多人都在用这一款商品。于是，内心的小九九开始泛滥——不买，没有可用的；买，会和别人用一样的，显得自己没有品位。通常，这样的必需品最后都是很难入得法眼的。取而代之的，是有相似性能的替代品，从而满足了消费者"求异"的小骄傲。

在购买东西的时候，会听到商家与消费者讨价还价时这样说："一分钱一分货，某某家的东西能和我们的相比吗？""这么好的东西，不是谁都能用得上的，现在赶上了，不入手的话以后就很难再遇见。"

人，都会有自己内心的那份自豪，不是狂妄自大，是内心对自己的那份肯定。这份肯定经历了世态炎凉，会变得有些浮躁、雀跃，然后就有了攀比。

攀比的心理，不是成年人的通病，它是有思想就会衍生出的一种情绪。很微小，小到难以被重视。

你会发现，小孩子还未真正涉世，就已经有了攀比的雏形——甲小朋友看到乙小朋友有一个电话手表，就会向自己的家人索要一样的或更好的电话手表；丙小朋友的爸爸妈妈，每个周末都会带他去高档餐厅消费，丁小朋友就会要求自己的父母也带他去。

是乙小朋友也需要电话手表吗？

是丁小朋友真的爱吃高档餐厅的菜品吗？

答案可能是否定的。他们未必真的需要，是看到别人都有了，自己也想拥有。然后待拥有之后，放在一边晾着，也就没有了使用价值。

想要拥有的东西，一定是真的需要，再去拥有，否则就是极大的浪费和不负责任。

道理都明白，实操的过程就相背离了。

回头看看我们的房间、办公室，是窗明几净还是物品堆积如山？

需求产生消费，消费滋生冲动和盲目，然后家里就会变成各种小商品的集散地。不管需要不需要，先全都买回家再说。

买东西，是生活中一件很重要的事情。很多家庭必需品的价值加起来，可能比你的年薪都可观。

有专家表示：在美国，平均每个家庭都会有不少于 30 万件不同的物品。这是一个庞大的数字，呈现出的内在寓意和外在表象，揭示出一个不争的事实——生命赋予了人类无限的力量，同时也给了人们无限的欲望。然后，欲望的实现就嫁接在了物品的购买行为上，填满了居所的空间。

我们，到底需要多少物件才能填补满足那份空虚？

张瑜是一个职场小白，刚出校门没几年，一个人有滋有味地生活在大上海。自己生活得优哉游哉，还能每月给年迈的奶奶打点生活费。她不是女汉子，也不是女强人，更不是谁谁的红颜知己。完成这些名片的梳理，你是不是已经开始相信，她一定有很丰厚的薪资待遇，才能支撑起如此优雅的外在？

非也，张瑜真的只是一个职场小白，而且没有任何的理财习惯。如果非要说，她有什么更胜一筹的优势，那应该就是她购买物品时的那份坚定意志了。

包包是 LV 的，香水是迪奥的，基础护肤品用的是兰蔻，鞋子穿的是古驰和普拉达，服装首选爱马仕……一个月薪 6000 元的小白，靠什么支撑这般奢侈的消费？

如果这些全部成立的话，你一定以为她一天只吃一顿饭，还是泡方便面吧？

事实上，你的假设不成立，她的奢侈却"货真价实"。

理由呢？

包包一个够用就好，鞋子一个季节一双刚刚合适，品质好的衣服过了攀比期也一样穿着舒服，好的香水一滴也会很持久。

不仅随身携带的足够优雅、有品质，张瑜的家也十分温馨。她说："好一点的锅，烧出来的菜才好吃，还很健康很有营养；温馨的床可以让身体大大地放松，尽情地满足那 10 个小时饱满的睡眠。"

有一些人，不太理解张瑜的消费观，认为她喜好面子，追求时尚，不够实际，缺少理性！

反过来，我们再看看那些所谓的重里子、务实、理性的人，他们的生活又是怎样的呢？

小细如她的名字一样，事无巨细，谨小慎微。

她和张瑜同龄，职位上看远比张瑜更耀眼光辉。她是一家上市公司的董事长秘书，通过一直以来勤奋的工作，在为数众多的 211、985 高等院校毕业生中脱颖而出。走到今天的位置，小细可谓实打实地拼搏努力。

没有富二代潇洒的资本，没有官二代炫耀的力道，没有创二代敢打敢拼的资源，小细的生活也就习惯了单调。单调得会让人觉得，她的生活应该和工作一样井然有序。

一日，同事张华因为要一份被小细遗落在家中的资料，有幸观摩了一次愤青的家。据张华后来的感叹，我们知道了，小细的家居生活实际上比较忙乱。

　　推开门的瞬间，你会看到地板上堆放着不一样的鞋子，有的站着，有的躺着，有的根本用肉眼找不到它的同伴。

　　上帝给了人们有限的力量，却给了人们无限的欲望。女人最擅长的，莫过于将这些欲望变现成一个又一个物件。然后一件一件买回来，堆积在身边。不是人臃肿，就是家臃肿，结果都是一样的——你认为什么都是必需品，需要买回来的时候，其实，它们已经失去了本该有的价值。

永远向前，路一直都在

张瑞和妻子离婚的时候，恰好是他们结婚一周年的纪念日。这大概是张瑞此生最大的尴尬了。比尴尬更让张瑞心酸的是，从此又要一个人闯天下了。当初说好的不离不弃，如今在满是浮华的面前，还是薄弱得不堪一击。

在张瑞的世界里，亲人比什么都重要，他也是有理想有追求的青年。他坚信，所有的美好和希望，也一定要在幸福的怀抱里，才有花开的美。

张瑞生长在农村，家里没有地，所有的生活来源都依赖于父亲在镇上打零工，母亲身体不好。父亲打零工赚来的钱，大多用于母亲看医生和买药，吃饭都是有上顿没下顿的。所以，张瑞直到九岁才上小学一年级。十岁那年，张瑞父亲意外去世，家里的顶梁柱不在了，日子更加难过了。

一次老师布置一篇题目为《我的理想》的命题作文，张瑞的作文得了 0 分，可这个 0 分却是老师含着泪给的。

粗糙的本子上沾满了灰尘、泥土，混杂着泪痕就显得模模糊糊。

作文内容是这样的：

爸爸不在了，家里就像冬天没有了煤炭，深夜里没有了烛光（因为家里穷，从来舍不得用电，邻里之间知道我们家的情况，时常会将用到很小的蜡烛"送"给我们），寒冷又昏暗的世界，我很害怕，但我又不能害怕。

今天，我就是家里的男子汉，我要挺直脊梁，争取站得更高，撑起这个困苦的家。

爸爸在临走的时候，悄悄地在我手里塞了一块糖，他说："瑞瑞啊，爸爸没用，只能做一些细碎的小活，挣一些连温饱都不能保障的小钱。以后爸爸不在了，你要好好学习，以后当一个医生，给妈妈治病，给更多看不起病的穷人看病。"说完这句话，父亲就撒手人寰了。

当一名医生，是我的理想吗？不，那是父亲的理想。

妈妈在精神状态比较好的时候，会语重心长地对我说："孩子啊，等你以后长大了，就去当大官，当村长、镇长、县长，给那些只能干体力活的没有文化的穷人，开一个学校，学技能，赚多一些的钱。如果你爸爸……他就不会走得那么早。"母亲每每提到父亲，就会哭上好长一段时间，然后身体状况开始恶化。就这样周而复始地，时而病着，时而好一些。

当一名国家公职人员，是我的理想吗？不，那是母亲的理想。

那么，我的理想是什么？我想当一只狗，每天趴在家门口，给爸爸不在的每一个夜晚站岗放哨，让妈妈不再因为夜的黑而不敢睁开眼。妈妈的胆子很小，越是害怕的时候，精神就越不好，精神越不好，心里就越害怕。

妈妈说，夜里会有鬼，她怕鬼，其实我也怕鬼，所以我想当一只狗，因为妈妈说，狗是不怕鬼的。如果可以，我希望晚上的时候我是狗，保护妈妈保护家；白天的时候，我还想做回人，好好学习，多捡一些废品，给妈妈买药看医生。

张瑞的母亲，没能等到他攒足了卖废品的钱给她买药看医生，在一个风雨交加的夜晚，投河自尽了。那一天，距离父亲去世还不到一个月的时间。

十岁的那一年，张瑞经历了父亲去世、母亲去世、突然间成为孤儿这"三大事件"。一个人的成长，让他过早地踏入了社会，没有当上医生，也没有当大官。当然，也没能当上一条狗。

生活的艰辛和命运的残酷，没有将一个十岁的男孩打入深渊，张瑞就那么坚强乐观地成长着，努力像太阳花般绽放。

后来，张瑞遇见了妻子，然后结婚、成家，一切都好像变得越来越好。然而，当妻子知道张瑞的母亲曾经患有精神疾病的时候，还是放弃了他们当初的海誓山盟，妻子说，不希望他们的孩子以后会有遗传精神障碍的概率。

张瑞曾经对着镜子问自己，是不是他长了一张独身主义的脸，生命里就没给父母妻儿留下空间，所以才孑然一身，自给自足。

　　其实，很多人在面临失去的时候，都会有那么瞬间的崩溃，可是张瑞没有，反而更加微笑地去生活。他在一个给汽车做零部件的生产线做工人，没有学历和技能，他就只能从最基本的工作开始做起。但张瑞聪明、肯干、努力学。渐渐地，从普通的工人做到班长，又做到了车间主任。中国"十三五"开局的那年，张瑞还被单位以优秀员工的名义，送去德国参观智能的制造业，后又接受了智能培训。他自己也一直在学习，拿到了电大的专科和自考本科的毕业证书。

　　那些遥不可及的理想，就在你一点一点努力的过程中，逐渐实现了。天空再高，只要踮起脚，就能距离阳光更近一些。就像太阳花，永远向着阳光微笑。

　　只要心中拥有希望，生命就充满强大的力量；乾坤不可变，世界不轮回，却始终有那样的一个信念指引着，向着光明和希望努力下去。

　　太阳花的美，在于它始终知道自己的目标在哪里，也知道沿着目前的前进方向，不会随着风雨冰霜的四季更迭而变换。坚定信念，不就是努力奋斗的最美丽答卷吗？

　　在这个世界上，谁也不能保证，自己的生活会始终一帆风顺下去；谁也不能肯定，未来的自己就注定站在风口浪尖备受仰望。生活本就充满了太多的不确定性，若想稳定立足，就一定要有一颗强大的心，包容灰色，释放金色。

每个人生阶段，都会遇见不同的人和事，也会拥有那些毕生追求的梦想。想要梦想变成现实，需要永不放弃的坚持和强大的努力不懈。有时候，世界是很矛盾的，你越想去实现的理想，就越会遇见这样或那样的问题，阻碍梦想的实现。特别是梦想泛滥的时候，那些有着太阳花般的坚强，那些永不消亡的，就是梦想！

一切的美好，近在眼前

人总要学会与外界相处，与生命相处，心胸才会豁达，心智也才能够成熟。

你给予生活无限的拥挤，生活回赠你的就是内心的空旷与乏味；你给生活深邃的领悟，生活才会给予你灵魂足够必要的生长空间。

生命是一个线段，心灵与生活各占一个端点。

生活拥挤了，心灵就会空旷；心灵充实了，生活上就会简单起来。

人的心灵，总是要在无数个与人、与物、与事的交往中渐渐强大起来的。内心强大了，承载的内容就会更多，收获也就更多。反倒是生活不再烦琐和枯燥，整个生命也就五彩斑斓了。

小中是一个总能把日子活得特别光彩的女子，31 岁的年龄，24 岁的姣好容颜，14 岁的年轻有活力的心灵。

和小中初识是在 MBA 的开学典礼上。当时，她特别认真地按照招生简章的要求，一身正装穿戴整齐地来到报告厅。我来得比较晚，但一眼就看到了中间位置上醒目的小中。她有一种毫不张扬的吸引力，召唤着我在她身边寻找一个自己的位置。

有些人就是这样的，他什么也不用做，就能满满正能量地吸引着别人的关注。

很快，我们就成为朋友，从入学的第一天到毕业很多年后的今日，这份闺密情谊一直很纯粹地发展着。

一个人的生命里，总会有几个志同道合的正能量，无时无刻不在发挥着它们的热效应。

小中是我的朋友之一，自然也是更多人的朋友之一，我想，一个能够将"朋友"这两个字挥洒得如此帅气的女孩，她的工作和生活一定也是十分令人向往的。

小中在一家主营业务为给外资企业做人力资源服务的公司担任客户部经理一职，她的英语不错，大学就过了专八，工作这么多年来也一直没丢掉过。

小中的车里，习惯地放着几本英文书。她说，有的时候拜访客户需要等待，用手指刷朋友圈的时间更适合用来读书。

依目前的工作，对英文的要求并不多，简单的口语和书信往来就可以了。但小中说，你只有将自己的爱好养成习惯，骨子里的那份优雅才会看上去更加自然。

我和小中还有另外的几个朋友，每年都会出去游玩几天，小中总是很及时地将一份十分专业的攻略奉上。攻略周到得几乎将除了睡眠的几个小时外，所有的时间都安排得严密又精彩——包括乘飞机到达目的地的时间是什么时候，最近的一个目标饭店在哪里，饭后走几条街、路过什么地方能到达哪个景点，在景点游览些什么，再通过哪一种交通设施到达下一个目的地……

生活和工作都如此有规划的女孩，她的居家生活一定也不会差。

我很期待能有机会去小中的家里"验证"一番。

现在的年轻人，聚会通常都是在外面，很少在家里，所以，直到相识三四年之后，我才有幸第一次应邀去小中的家里做客。

90平米的两居室很宽敞，屋子里的陈设很丰富。一点儿也不乱，颜色和布局属于欧式文艺风。水、果汁、茶、啤酒、洋酒等不同的饮品使用的杯具也不同。可不要以为小中是那种洁癖型或纠结型的女孩，才会对喝水都如此细致。

只是在她的概念里，淳，很重要。

家，不仅仅是衣食住行的栖息之所，我们交往过的人、走过的路、游历过的风景、经历过的情感……都曾在家的范畴内走过一遭。和我们的生命一样，融入了整个身心。

如果一个人，将自己所有的经年都复制到家庭之中，她的心灵将会失去原有的热忱。

心是支配大脑思考的源，大脑是组织身体行动的本，行动是完成结果的根……心，是成就 切可以成就的力量之关键。

或许，你会说，一个人的心同他的家居生活，有什么必然的联系吗？

当然会有必然的联系，而且还是很直截了当的联系。

一个人的家是他内心真实的写照，你的屋子反作用于你的内心。

美国哈佛商学院曾经研究并发现：那些事业成功、家庭幸福的人，他们的居住环境往往十分简洁干净；而那些境遇不佳，一生碌碌无为的人以及他们的居家生活，总会被凌乱和肮脏所困扰。

社会的大家是由无数个小家组成的，小家就像大家的镜子一样，折射出的是同一类别的人生。成功人士的事业和家庭一样窗明几净，工作不顺的人内心深处，总能找到一个肮脏的小角。

人生也需要打扫，需要"扫除力"。

没有"扫除力"的人生就像没有打扫过的房间一样，要么欲望无穷却一无所有，要么心存芥蒂又一事无成。

去其糟粕，取其精华，是马南邨的《不要秘诀的秘诀》一书中的经典，也是解决很多成长类问题的宝典。

一个人，把过去取得的成绩在内心深处归于零，便能腾出空间去接纳新的东西，如此才能不断超越自己。

再直接点说，如果你的内心承载的不悦太多，更多的欢喜就会离你远去，因为它们找不到可以栖息之地；如果一个人什么都舍不得放弃或丢下，他内心的贪婪和恐惧就会如日中天，同样地，属于他们的爱和幸福也就没有什么可以留恋的位置了。

生活折射出的，都是内心的真实，是言谈举止所不能"包庇"的那种纯粹。

房间是生活的写照，是心灵的家，是整个生命的外化。

你对你的家，是否具备一定的"扫除力"呢？

有人说，打扫房间的"打扫"和扫除力中的"扫除"是两回事，我并不这样认为。

打扫房间是生活必不可少的习惯之一，扫除内心的污垢也是一个必要的习惯。没有谁的内心是始终如一洁净的，若想心境明朗，这份扫除力就至关重要。

我们为了展现在世人眼前的自己不断修饰和装扮，忽略了"素颜"的美好恰恰是与众不同的大美。

一个内心宽广的人，他的居所或许面积并不算大，但一定会显得特别宽敞和井然有序；一个内心平和的人，他的居家定会如同春意盎然的美景一般令人流连忘返，让幸福和快乐都驻足，不忍心走掉。相反，一个做人做事都暴风骤雨般的人，他的心灵一定是狭隘的。

请不要再埋怨自己的工作有多么烦琐和不易，也不要吝啬于家庭环境卫生的打理和整顿。这一切的外在表象都是一个人内心的折射。

心静了，生活就简单了；家整洁了，心也自然就平和下来。

一切的美好，近在眼前。

别忘了活出生命的本真

一套名贵的红木家具，它的价值是其制作工艺而非本身的材质；一个人的优雅体现于内在的修为而非单一的服饰装扮；一份荣誉彰显的是其创造的贡献而非奖品的多少。人世间有太多的纠结牵绊住了原本的实质，让最初的那份执着在无数次的实操过程中变得越来越复杂和乏味。

生命的意义，不是无休止的奔跑和跳跃数不清的障碍，该停下的时候，你是否会静下心来回头看看自己走过的路、遇到的人，感叹过的事情和割舍不下的情怀？如果没有这份停下的脚步，你的心路是否早已拥堵不堪，你是否会为了掩饰自我的虚荣而不断包装外围？

其实，最美的装扮就是"素颜"，最好的美颜就是"原图"，最地道的时尚就是"简约"。

什么是时尚？

有人认为，时尚是一种富裕的生活环境下营造出的奢华模式，也有人认为，时尚是一种标新立异的迭代，与其形成鲜明对比的是庸俗和老土。不过，一部分的反对声音同样指出了自己的观点，认为时尚是一种大众的文化素养，不应该被小众定格为无理性的从众和攀比，于是，开始有声音呼吁：时尚不是奢华和浪费，它应是一种朴素的节俭，是一种简约的美。

我们不难发现，时代的轴轮行驶到哪里，哪里的大众认知就会成为一种全新的时尚。也就是说，时尚是不断随着时间而变化的，并不是以个人或小众的眼光锁定的所以然。每个时代的时尚都是当时最为流行的元素，而身临其境的你，正是时尚的诠释者和缔造者。

悠然是一位赴美留学的自费学生，差不多从幼儿园开始有记忆的时候起，她就是身边人眼中的小公主，从悠然的穿着上，总能发现那种与众不同的优越，就连一颦一笑都与身边其他的女孩儿有本质上的不同。具体有哪些不同，悠然自己也说不上来，不过，她似乎已经习惯了这种优越感。大概读初中的时候，女孩子们更喜欢围着悠然转了，除了她有一位当干部的爸爸和一位当银行行长的妈妈之外，更重要的是她身上由内而外散发出一种叫作时尚的味道，这种感觉在同龄的女孩子的视角里显得格外醒目。悠然也就一直认为，自己至少是身边这一小圈儿的时尚代言人。

其实，选择去美国留学，悠然主要看重的是美国与法国一样的"全球时尚之都"的"身份"。一直被身边的亲友和同学称为时尚代言人，悠然很想真正亲临时尚的国度，感受世界级的时尚到底为何。

就这样，悠然成了美国某大学动漫专业的一名学生。

一直以来，悠然认为的时尚就是外在的一种高贵和优雅的呈现，就是这一段异国求学的经历，彻底颠覆了悠然心中有关时尚的观念。

美国建国的历史并不长，所以这个国家对于时尚的认知也就相对于世界其他时尚都更为年轻化。美利坚民族在诞生的时候，差不多就随着英国的工业革命开始了萌芽与成长，所以真正意义上的美国时尚侧重于工业。时至今日，从美国工业互联网看全球的智能制造，美国大工业基础上的领先科技，如汽车、电影等高科技时尚远不同于西欧国家的建立在手工业基础上的服饰类流行时尚。纵观美国历史悠久且领先的汽车生产，以好莱坞为代表的电影业，无不引领着世界的时尚潮流。

当然，美国很多城市的流行服饰时尚也并不逊色于法国巴黎等时尚之都，一年两次的时尚周成为纽约市仅次于银行金融业之后的第二大产业，借助纽约时尚周，美国如今也进入了全球服饰时尚的先锋行列，甚至在全球时尚之都排名中多次超越了法国巴黎。

四年学成之后，悠然回到了阔别已久的祖国，当几个要好的伙伴准备一睹时尚公主的进阶时，却被她突如其来的简约风惊诧了眼睛。再也看不到昔日满身名牌的悠然公主，站立面前的不就是一个普普通通的中国女孩嘛，一条牛仔裤，一件纯棉的 T 恤，一双白色布鞋。闺密们不解地问："难道你的大学是在美国农场完成的学业吗？"

悠然依然优雅地微笑着回答大家，她现在越来越喜欢帆布生活。

那是一种没有任何束缚的自由和随性。尽管流行和科技同样领先世界，但悠然在美国的四年，更欣赏来自工业上的时尚。从悠然口中说出来的，再也不是美食、购物、奢侈品等对潮流的追逐，更多的是心灵深处的一种态度。

不可否认，外在的时尚追求确实美化了我们的生活，但那一定就是唯一的时尚吗？当然不是。时尚是一种勇敢的、富于挑战的精神，是在面对未来毫无预兆的挑战之下依然坚定地走下去的执着，是即使工作上失意了但面容上依然微笑的自信。

世人总是给时尚灌输了太多的渲染，让原本极其简约的美慢慢变了质。所谓的时尚与潮流自是不会一成不变的，特别是飞速发展的当下，能够保持纯净向上的内心，才是最为"奢侈"的时尚。

真正的时尚达人，永远会在内心的世界里留出一块自然纯净的土壤，他们也不会毅然决然地摒弃一切时尚的装扮和流行的服饰，因为这些外在的美也是生活中不可或缺的一部分，只不过，不会盲目去夸大。与之相比，积极向上的心态、乐观豁达的性格，简简单单的自我，更适合时尚元素的搭配。

用心去观摩，你会发现，很多简约风开始"亮相"我们的生活。无论复杂的生命有多么精彩，到最后依然要以简单的方式结束。只有最平和的方式才是亘古不变的生存法则，浅浅的生活，才能潜潜地生存。努力生活、享受生活、看淡生活、认识生活、认清生活，简单简约，依然快乐。生活中持有一种平常心、平衡心、知足心，生活就会幸福绵长，实现最为完美的境界。

任何理由的"拖延"，都是对自己的不负责

苏涞在一家制造业的国企做了差不多十年的时间，不知怎么，一天清晨，她突然给她的老领导打去电话，提出了辞职。家人和单位都不理解她的做法，苏涞随便拿出来一个冠冕堂皇的理由说，要去寻找真实的自己。

几个月后，苏涞入职一家外资企业，第一天上班，她浑身充满了挥洒不尽的热情。到了下班的时间，她还是秉持那份热情继续在办公桌前奋笔疾书。这时，离她不远处办公的内勤娜娜一边收拾东西准备下班，一边有一搭没一搭地念叨着："下班喽，抓紧时间去练瑜伽喽！"这时，跟娜娜最为要好的一个女孩凑到她跟前，递了个眼色努着嘴和她说："领导还在努力工作，你怎么还那么积极下班，你工作做完了吗？"其实，那个女孩是在给娜娜找个台阶下，意思是告诉她：领导都没走呢，她还是不要正点下班的好，况且新官上任，小心一把火烧到她这里。结果娜娜一点不以为然地说："我可不

是光下班积极，工作也很积极啊，今天的工作全部都做完了，不走，难道还等着领导请我吃大餐吗？"说完，娜娜就拿着包走出了办公室。

此时的苏涞虽然手里握着笔，可却早就不知道笔尖该落在何处了。娜娜是那种一脚踏出校园，另一只脚踏入社会的职场小鲜肉。坦率的性情仿佛在她的年龄上显得并不过分、也不招摇，但在苏涞的感情色彩中却显得有些五味杂陈了。回想起自己在国企工作的那十年，加班简直就是家常便饭，但加班，真的是因为工作量大做不完？还是工作的时间内没有充分利用，导致该完成的工作没有及时完成呢？

的确，单单对于工作而言，到点做完到点下班是理所应当的高效工作方式。其实，很多时候，我们下班了却还在工作岗位上继续奋斗，除了能证明自己在努力工作之外，并不能证明别的什么了。没有一道公式能证明，工作时长与工作成果等价，但经过实际印证过的理论却是，低效又耗时的工作方式，偷走了时间，也毫不留情地将一个人拖拽到焦虑的瓶颈中，它被叫作拖延症。

说到拖延症，我想到了以前我在出版社做编辑时的一位同事闫姐。闫姐原本是社里的美编，后来编辑人手不够，她就充数当起了编辑，而且还是最惬意的一个编辑。在我刚学会使用"无厘头""理想摇曳着现实""你给我给力就是我给你给力"来码字混饭吃的时候，闫姐的篇幅已经横跨房地产、汽车、医疗、时尚等领域了。作为社里的首席编辑，闫姐经常出入时尚圈的各种派对和新闻发布会。

采访、组稿、编辑、排版乃至校对，这些在我们这几个小编事业线上艰难蹒跚，犹如海市蜃楼般看得见却摸不到，在闫姐的盛宴上就是小菜一碟。

把玩的文字，像脱缰的野马，要么一直追着它跑，要么让它服服帖帖为我所用。后来我涉猎了一些经管和人物传记，我开始以为，那些所谓的白手起家和平步青云，都靠才华的积淀和天分的使然，才能别树一帜。所以，当闫姐的作品频频斩获 A 类、B 类、C 类优秀稿件的时候，我和其他几个小编都在心里默默安慰自己，"智商高，差不少"！像闫姐这样的首席编辑才称得上才华横溢，竖着也溢，我这样的充其量就是偶尔挂点彩头罢了。

直到有一天，一个紧急且重要的事情突如其来地横在我们眼前，不知所措的时候，闫姐用事实向我们诠释了，横溢的才华赖以生存于专注做事的基础上。

那天，我们赶完稿子之后出去聚餐，大概午夜的时候，公司领导打来电话通知我们，其中一篇汽车 4S 店的软文不合格，要我们抓紧时间再写出一篇文章来，而且要快，因为第二天早上，这些刊物就要陈列在各大银行和候机大厅，印刷厂都在全员待命准备通宵呢。

临时换稿对于编辑部来说并非偶然，但在两个小时内就要写出一篇文章，对于当时没有一篇存稿的我们来说如同晴天霹雳，劈得满眼金星外带蒙圈。这时，闫姐自告奋勇地安慰大家说，没事，她来执笔，现写一篇补充上。随后，闫姐给手机定了几个定时闹钟，都是 45 分钟一响的那种。闫姐一言不发地搞定了第一个"45 分钟"，然后换了一个人似的继续和我们神侃，5 分钟后再度屏蔽，继续下一个"45 分钟"。就像学生时代的课间铃声一样，下课铃声一响，同学们就像脱缰的野马冲出教室。待上课铃再响，迅速回归忘我的学习状态中。

在我们顶礼膜拜之下，闫姐用不到两个小时的时间完成了一篇崭新得嘎嘎响的稿件，从华丽的辞藻，到精美的排版，全部完成，足以让我们五体投地了。

我们身边，会出现很多个令我们膜拜的对象，比如课外生活特别丰富多彩，从来不会被各种疯玩耽误名列前茅成绩的同学；比如工作从来无须加班，却总能在月底的绩效中脱颖而出的同事。

在我们的眼中，他们哼着歌、浏览着娱乐新闻、随便打一通电话，轻轻松松地就学业有成、事业有成了。其实，你看到的是他听歌、聊天，甚至是迟到早退，却没有看到他极致地专注做事的一面。

专注，是把事情做完满的关键筹码，却也是难以攀登的"珠穆朗玛"。大多数的人，明明知道尚有大把的工作等着去做，凌乱的档案柜还没收拾，一个重要的邮件需要编辑和发出，甚至必须马上去面见重要的客人……然而如此的焦躁和不安之下，他们还是一边犹豫着先做什么再做什么，一边安慰自己，不着急，休息一会儿再做也来得及的。

当你专注做一件事的时候你会发现时间过得飞快，转眼间就悄然溜走了，于是，你期待又恐慌地等着最后期限的到来，然后草草了事，一份自己都没有信心的"保险"，又怎会理所当然地为接下来完全有可能出现的失误"埋单"？

这是典型的拖延症！

如果你以为，生活中的偶尔拖延不会影响什么，但你知道吗，工作中的拖延足以让你粉身碎骨，而且还是万劫不复的那种。

害怕了吗？

害怕就对了！

不过，拖延症虽可致命，却不是不治之"症"，掌握方法，合理做事，再严重的拖延症也可以治愈。

多数人的时间总是不够用，特别是临近考试、月末考核、期末达标、工期快到的时候，心里的小闹钟还不休不眠嘀嗒嘀嗒提醒着，万事迫在眉睫了。此时，越是心急如焚，越是做不好事情，也是效率的波谷。于是，你能想到更好的解决办法，不是如何去完成工作，而是怎样能将时钟的指针给你腾出一个拖延期。

如何解决这样恶性循环的拖延症呢？

实际上，只要你将用于做事的时间做一个恰当的分割就好，这很简单。

想想学生时代的一个小时，学校是怎么分割的，40分钟的上课，10分钟的课间休息。再看看我们的一个星期是怎么度过的，5天的工作时间，2天的周末休息。现在的你，是不是已经有所思考和启发了呢？

就像我的同事闫姐一样，不管多么紧急的事情，她都习惯在处理的时间上恰当地分割，然后事情就变得没有想的那么难以操作和实现了。

　　解决难题的办法不是摒弃和搁浅，而是简化和专注。

　　你的拖延症，治好了吧！

远光灯照见的露珠，是昨夜还未休息的奋斗

每一个创业者的故事，都至少有一个光点，是照得进我们心灵深处、并引起强烈震撼的。

张强是我认识的创业者中，最穷的一个，穷到第一笔创业资金3765元都是从宿舍其他五个兄弟手里拼凑而来的；同时，他也是我认为的最富有的一名创业者了，他愿意为了理想而付出的那份执着，是很多创业者都不具备的富有，足可敌国那种。

拿着同寝室兄弟借给他的创业基金，张强开了一家网店，主要贩卖一些土特产。互联网平台上，像这样卖土特产的网店有很多，而且都很有特色。张强做得并不轻松，为了寻找到优质的货源，他总是一个人到最深远的山区，亲自寻找"供应商"。因为足够挑剔，时常被村民们当成是"刺探军情"的竞争对手；因为兜里的钱不够，村民不会使用微信和支付宝转账，有几次都是第二天凑够了钱再来买，然后被村民坐地涨价的情况也时有发生。张强是那种执着的人，

就像当初选择开网店的时候，一定要做最有特色的土特产网店一样。

有一年夏季，张强去四川山区购买干竹笋，正赶上当地的老百姓称之为"黑年"的时候。黑年对于竹笋来说就是减产，采摘的鲜竹笋基数就很小，烘干后干竹笋就更少了，差不多12斤的鲜竹笋，最后只能变成1斤的干竹笋。村民辛辛苦苦上山采摘鲜竹笋，烘成干再售卖，价格就会比平时贵很多，而且，量又特别少。

经一位曾经有过合作的村民带路，张强开着车和他一起上山寻找优质的鲜竹笋。直到朝阳开始渐渐跳出人们的视线，张强开着的车的远光灯，照出清晰的露珠，他们还是没有找到能够达到张强标准的鲜竹笋。

为了一个执着的梦想，可以没有钱、没有利润、没有好评，却依然要坚持做有品质的特色网店。从深夜到黎明，张强不知道自己寻找了多少个"一整夜"，也不知道这样的寻找，还要继续多久。有人说，他这是漫无目的地寻找，可他自己不这样认为。卖优质的产品，就是他开网店的目标。张强说，人总要给自己设定些要求，没必要条条框框那么刻板，但最起码的原则不能打破，要不然，这一生可能就再也不能超越自己了。

的确，我们总习惯性地与他人攀比，认为他人都能得到的殊荣，为什么我得不到；明明他人没有我做得好，可薪资和奖金却都比我高。这个世界上有太多的不公平，小小的我无法改变大大的世界！

这个世界很大，你也确实很渺小，更无法改变世界。可是，你却可以改变自己！当你认为竞争的残酷无法驾驭，不愿认同他人比你更优秀，祈盼透支未来给现在的奢侈埋单时，你就已经正在改变自己，因为你需要自己更强大的内心，包容自己的不如意。

就在你不时地埋怨、沮丧、失落的时候，跑在你前面的人继续比你努力，后面的人也努力超越你。努力从来都不需要理由，停滞不前却有着众多的借口。如果你给自己"放假"，生活与梦想就不会为你"加班"。

我和莹莹第一次见面，她穿了一件质感超好的风衣（后来了解到，那件风衣 3000 多元），那时候的我们，每个月的工资只有一千多一点，莹莹要租房子，还要顾及日常生活，那么奢侈的一件衣服，应该不是男朋友给买的，就是家里的支援。

后来，我们成了同事，莹莹每天的穿着都特别得体，要么是精致的小西装，要么是时尚的小礼服。几个比较谈得来的同事，有时候会开玩笑地问莹莹："你每天都把自己打扮得这么漂亮，男朋友工资卡都交给了你吧？"

莹莹笑了笑，回答说，她没有男朋友，也从来不花家里的钱，大学毕业之后，一直都是自己赚钱养自己，绝对的全新女性！

这回，大家就更诧异了，刚毕业的大学生，每个月一千元多一些的工资，除此之外没有任何收入，如何支撑自己奢侈的穿衣打扮？面对大家的疑惑，莹莹也不知该如何解答，索性就这样过去了。

时间久了，我明白了，为什么她可以将自己过得这般精致。

莹莹每个月 1200 元的工资，500 元用来租房，300 元用在晚餐和偶尔的小聚餐，早餐和午餐都在单位的食堂免费解决了。剩下的

400 元，莹莹从不随便支出。的确，她的每一套衣服都很漂亮，也价格不菲，但她买时装的周期比较长，她宁愿用几个月的工资买一套衣服，也不随随便便把自己打扮成"村姑"。

听一个朋友说过，公主的气质是要至少三辈的传承才能够形成的。可我们身边有一些女孩，尽管没有公主命，却活得洒脱、活得精致、活出一副公主气质。那样的气质，是学不来也学不会的。

记得一次，单位筹办了一场大型活动，我们忙到很晚才下班，回到家也就睡了两个小时，就睡眼蒙眬地爬起来，接着上班。到了办公室，大家的状态都是一副没睡醒的样子，一上午的工作效率极低，都企盼着中午的时光早早到来，好好补补美容觉。莹莹却格外地精神，工作起来也没有丝毫的懈怠，而且更主要的是，她回到住处根本没睡，洗了个澡，换了身服装，化了很舒服的淡妆，提早来到单位的食堂，吃过了早餐，再回到办公室开始工作。

我曾问过莹莹，这样的生活累吗？

莹莹认真地回答我："不累！"

一个女孩，如果没有公主命，却又想过公主般的生活，那就只有靠自己去努力打拼、奋斗。很多年轻女孩都喜欢逛街、吃美食、看电影、唱 KTV、买包包和时装，莹莹也喜欢，但她更喜欢优秀的自己。所以，她深知，只有耐得住灯红酒绿的诱惑，才配得起拥有志存高远的梦想。多年之后，莹莹成为这家企业除 CEO 之外，实权和地位的有效名片。

你的格局有多大，舞台就有多大

一天外出办事，我回到单位时，恰好到了午餐的时间，于是直接去了食堂，看见食堂的大姐正在烙饼，索性开玩笑跟她说："大姐，给我烙一张大大的饼，越大越好！"说着，一边摩拳擦掌坐在餐桌前，一边冲着食堂大姐挤眉弄眼地笑。大姐白了我一眼，说："就算我想给你烙一张大大的饼，你是不是应该问问这口锅干不干？再大的饼还能大过锅吗？"

食堂大姐初中上到二年级就退学了，没想到一个学历上不占优势，工作上极其普通的食堂工作人员，居然说出这般意味深远的话，朴实无华却又发人深省。

校园、家庭、社会，你所有过去和未来涉猎过的场所，其实都如同这口烙饼的锅。已经吃下的大饼是过去时，正在烙的饼是将来时。每个人都希望自己能够烙出最大的饼，可饼的大小始终受到锅的尺寸的约束，实际上，这便是我们的格局。想要烙出大的饼，你的格局就一定要够大。

我时常能够听到一些人抱怨起点低、舞台小，于是，不满足于现状，也就不愿为之付出努力，长此以往，一事无成。我不清楚，那些嫌弃起点低和舞台小的人，他们所谓的"低"和"小"是用什么来界定的，他们又是否发自内心地反省过，为何低却一直低着，小又一直小着。

富士康总裁郭台铭曾经提到：格局、布局、步局，心胸有多大，舞台就有多大！

创业也好，任职于社会也罢，一个人的未来有多远，首先要看他的心有多远，事业便也就有多远。那些你所认为限制你发展的，不是学校老师的教条，也不是社会上的法律法规，更不会是公司的愿景和企业的文化，而是你自己的格局。心中有什么样的格局，人生就会有什么样的结局。

我们永远无法选择我们的降生，却可以操控后天的成长，以及晚年的逝去；我们也未必有能力决定自己的生命长度，但一定可以操控生命的走向，以及决定生命的宽度。

我认识一位老者，在我还很小的时候，他就对我们这群在小区里嘻嘻哈哈的孩子们，语重心长地说过一席话，当时我不懂，随着年龄的增长，我渐渐明白了，那意味深长的话，不正是对人生格局的诠释嘛。

我记得，当时我们几个小孩子，用粉笔在地上画了好多个大大小小的圆圈，玩一种名叫"大圈套小圈"的游戏。老者看着我们单纯地从一个圈跳到另一个圈，一个人接着一个人地跳着，他就说："一个孩子王，会画一个自己能够驾驭的圈，保护自己小队的成员；一个青年，会画一个更大的圈，照顾着他的爱人、孩子、父母和兄弟姐妹；一个中年人，画了一个超级大的圈，他可能一个人都画不过来，但还是尽可能地画得更大，因为他有更强大的使命感，要保护和照顾更多的人，将更多的人和他们的切身利益，统统放在圈子中。"

每一个人的内心中，都会画一个尽可能大的圆圈，这个圆圈就是他格局的核心部分。

一花一世界，一叶一菩提。格局荣辱不惊，像亭亭的少女，又如翩翩少年，它那闲看庭前花开花谢的从容淡定，光明坦荡胜似闲庭信步。格局，不以成败论长短，不以荣辱论王寇。像人生一步一个招数的棋局，重要的可能不是技巧，而是属于胜利的半径有多大。格局大了，路才能越走越宽。

还记得木桶效应吗？大家或许都认为，木桶效应说的是，一只木桶盛水的容量不取决于最长的那根木条有多长，而是决定于最短的木条有多短。可我还有另外的理解。

确实，一只木桶最终在不洒水的情况下，最短的木条的长度，便是木桶的实际高度。也就是一个人或一个企业的核心的那部分格局。除此之外，处于木桶中间高度的模板，代表着格局的半径，中长度的模板越多，这个半径就越稳定，可能不会越来越大，但也不会越来越小。而木桶中最长的木板，它的存在同样意义非凡——因为，最长的木板，决定着我们的格局有多大的发展空间。

比如在一个制造型企业的技术人员梯队中，拥有高级职称的有20%，中级职称的有30%，初级职称的有50%。随着企业的进步和市场竞争愈演愈烈，这个企业的发展将有三个不同的结局：一是稳中求进，但进步也不大，几乎停滞不前；这种情况下，企业的高级职称技术人才可能就会逐渐跳槽到更大的平台，而初级的技术人员要么进修升级，要么被企业血液流动而换掉。二是激流勇进，高级职称技术人才的占比越来越大，初级和中级职称人员的占比越来越小，最后升级或换代。三是走下坡路，中级和高级职称的人才，逐渐离开企业去寻找更适合自己发展的空间，而初级职称的人成为企业的绝对中坚力量。

人生的格局也是这样的，衡量低端的人看才能，衡量中端的人看品行，衡量高端的人看格局。你的格局所影响的，不只是你的结局和舞台，还有世界对你的定位与认可。

千万不要说，我就是我，是不一样的烟火！世界不缺少一个你，也不缺少你的星星之火。人生是一次远征，磨难和机遇总会相继伴你而行。如果你只关注自己和身边的寸草，那么再远一些距离的参天大树、百草花香就成了他人的风景。

我们生活的大千世界，有三种人注定没有未来：心胸狭隘、视野狭隘和知识狭隘者。狭隘的人，心胸小，格局就小，他们口中的、脑中的、心中的和眼中的世界一起逐渐缩小着维度，越来越小。这也就是为什么，越优秀的人越敢于挑战，越颓废的人越不振。

海纳百川，有容乃大！格局大，心中装载的就不会是一己私利，更不会给一时的得失留有空间，满腔的热忱是理想实现的筹码，是事业成就的天平，是"猝然临之而不惊，无故加之而不怒"的定力与智慧。

每个人都有自己的理想，甚至不止一个。但每一个理想的实现，却一视同仁地难上加难，只有信念足够坚定，才能坚持不懈地向着梦想前行。一个拥有远大志向的人，绝不会轻易在困难面前低头，也绝不会随随便便局限于自我。

谁的人生都不是一帆风顺的，任何一个脚印的落地，都需要柔软的脚掌与坚硬的石子近距离碰触。而你的脚，只有经过无数次的打磨之后，才会形成一层坚硬的茧子，让步子越来越坚实，让身体越来越轻盈。若不想终点近在眼前，就努力拓宽你的格局，让格局牵引着梦想，让梦想照进现实。

第四章

别怕,
努力的人都将与你同行

选择了就不要中途停下来

和导师的朋友崔总约好，晚上 7 点 30 分在一会馆见面，沟通一下关于他 MBA 论文的事情。我担心晚高峰会耽搁路上的时间，提前从家里出发了，好在我准备得比较充分，到了目的地整整提前一个小时。

我给崔总发了信息，说我在上次见面的地方，等他忙完了来找我就好。7 点 29 分，我收到崔总回过来的信息，说"好"，然后，就看到崔总送别了另外一位客人，径直来到我们约好的地点。

崔总十几年前开始创业，目前在全国各地已经有了四家分公司。他说他没读过什么书，也没有上过大学，所以请我帮他一起研究一下论文怎么写。从晚上 7 点 30 分，到 9 点 15 分，这是崔总在我们见面之前，就说好的讨论时间。事实上，我们的讨论正好在这个时间内结束，一分不多，一分也不少。我在心里不由得感叹，企业家就是和我这种小青年不一样，时间管理都做得这么精准。

崔总鉴于我对他的个人崇拜，讨论结束后，给我讲了一个有关于他女儿的故事。

崔总的女儿在美国读大二，她是初二的时候，就一个人赴美留学的，但从高三的时候开始，她就拒绝继续接受家里给她的生活费和学杂费。起初，崔总特别不理解女儿的行为，虽然女儿跟着他做过创业，也吃过不少苦，可一个十几岁的女孩，不要家里给予的资助，怎么能够独立在美国生活呢。

但当崔总知道女儿的真实想法后，选择尊重女儿。

崔总的女儿叫小南，一个长相甜美的江南女孩。

高三的一天，小南比平时早起了三个小时，要去很远的地方参加一个中国留学生的聚会。她本以为，起来得这么早，估计马路上也没有什么人，更别说买早餐了。可是令她意外的是，她5点钟出门，看见路上行色匆匆的大有人在，隔壁第三条街道有一对中国夫妇，在那里卖油条和豆浆，旁边的桌子上，已经有吃过早餐的顾客留下的待清洗的碗筷。

小南住的地方，算是一个中国人比较多的地方，所以从饮食上，大多时候可以吃到正宗的中国味道。当然，一些喜欢中国口味的美国当地人，也是这里的常客。看看时间，应该可以吃个早餐。小南来到中国夫妇的摊位，要了两根油条、一杯加了糖的五谷豆浆。

油条是现炸的，中国夫妇多半也是入乡随俗，客人没有坐在餐桌前，他们是不会将油条事先炸好了放在那里的。趁着这个当口，小南和中国夫妇攀谈起来。

"你们也是刚摆出摊位吗？"小南问。

"小姑娘，我们已经出来一个多小时了，再过一会，我们就该收摊了。"炸油条的大叔微笑着说。

"我们起来得比较早，要赶在女儿上学之前回家的，而且我们每天准备的食材有限，卖完了就回去了。"在一旁收拾碗筷的大婶接着说。

原来，我每天早上起来的时间，他们已经早早地做完了生意回家去了。小南心里想着。原来，她认为自己学习辛苦、背井离乡辛苦、学语言学专业知识辛苦……其实，在她生活的圈子里，一大批的人比她辛苦得多。

她曾经抱怨，小小年纪就给家人丢在了美国，美其名曰是为她的前程，实际上，不就是忙着做生意，没有分身术再来照顾她嘛。只是现在，她终于明白了，父亲从小没有资本去享受最好的教育，他只有努力赚钱，为女儿创造好的学习条件，给她最好的教育平台，只有这样，女儿才会生活无忧，才会比自己少走很多弯路。

说到这里，崔总有些惭愧地说："女儿那么小，思想和意识却远远比自己高出那么多。"崔总确实是想给女儿最好的学习环境，但他直接的目的，是希望女儿能够有个好的学习成果，然后找个好的工作。他认为，如果不能自己创造个 500 强企业，那至少要让女儿进入 500 强企业，不让光阴虚度，不让才华付诸东流。

可是，他却忽略了，那些身份和地位远远不如他的人，所付出的努力一点儿也不比自己少，他们对自己的工作满腔热忱，不好高骛远，也不妄自菲薄。勤劳地工作，对得起自己的每一分努力。从某种意义上说，那些我们认为身份卑微的人的存在价值，往往要比我们优越很多。试想一下，如果你凌晨刚下了飞机，机场的工作服务人员早就下班回家休息了，你孤零零地被晾在那儿，心里是否会有强烈的落差感？当你带着愉悦的心情去旅游胜地观光时，公厕因为没有人清扫而不得入内，你的大好心情是否已经大打折扣？当大雪纷飞过后，路面上白雪皑皑，你是否深感举步维艰？

在我们的人生征程中，每一条道路上都有速度更快的选手，比我们更努力地奔跑着，此时，如果我们停下来歇息，或者放慢了步子，你以为你很努力，实际上已经被对方落下了很长的一段距离。

奋斗不分先后，努力不论强弱，每一个深夜的梦中，都会有更多的人在从事着他们的工作；每一个我们以为成功的尽头，也都有着更强大的人奔赴在前面。所谓的工作，就是我们通过劳动而有所得的事情，每一个工作都有它存在的价值，每一份工作也都价值连城。

回来的路上，我习惯性地叫了滴滴，司机很快接单并给我回电话，十分礼貌地再次确定了我的位置，然后用最快的速度安全地将车开了过来。一路上，司机与我聊天，他很健谈。

"这么晚了，是刚加完班吗？"司机问我。

我回答："不算加班，去见了一位重要的人，谈了一些事，刚结束。"

"你说啊，生活是件多么美好的事情，有工作可做，有朋友可见，有事情可谈。只要你满腹正能量，世界和生活都是美好的。"司机仿佛回忆着自己认为美好的事情，整张脸上都洋溢着灿烂。

通过聊天，我知道这位司机刚刚将买的房子还清了贷款。妻子上班，赚着不多也不少的工资，他开出租车，夜班或白班，选一个就够了，不是很累，每个月赚个六七千不是问题，省着点儿花剩下的都能攒起来。就这样，他这个从农村闯荡出来的青年，开了五年出租车，攒够了首付买了婚房。又开了五年的出租车，还清了房贷。

司机说，他没有本事赚大钱，却对现在的生活状态很满足、很欣慰。

"人的一生，总不能追求不切合实际的东西，那样太累。有多少能耐，就赚多少钱呗，只要咱赚得干净，花得就心安。不能瞧不起自己，细想想，要是没有我们没日没夜地跑在马路上，想要回家的你们又该如何回家。"司机后来又意味深长地补充说道。

突然之间，我觉得生命的意义特别珍贵，很多委屈和无奈，我也可以从根源处释怀。别人认为我没有逻辑，说出的话写出的文字，他们看不明白。可我为什么一定要让这些小众看明白？他们为他们的不明白找借口，说我没有逻辑。可我明明在记忆中有个片段显示：曾经的老领导在会议上认真地发表过自己的感触。他说，能够接上他的思路，将这个会议进行到底的，只有我一人。

一个曾经共事过的女孩很认真地跟我说过，别人认为你有缺憾的地方，恰恰可能是他们自身所不能及的高度。人，都有一些私心，当他认为你或将成为他的威胁时，本能地选择诋毁你而维护自己。可是，这样的人，是不是忘记了他所诋毁的人正在奔跑，他的原地不动，又能维系多久的先天优越？

有一种逆境，叫"生长痛"

　　邻居家的小男孩今年 11 岁，一天，他陪着妈妈买菜回来和我走了个对面，小男孩非常有礼貌地和我打招呼，然后我们相视一笑，就各忙各的了。刚好擦肩而过的工夫，小男孩撒娇地和他妈妈说："妈妈，我腿好疼啊，没有摔倒，也没有碰到什么地方，为什么会这么疼呢？"小男孩的妈妈安抚他说："没关系的，孩子，这是生长痛，每个人成长的过程中都会经历，就像小草破土而出，头顶会痛，土壤也会痛；就像你长牙齿的时候，牙龈会痛得肿胀起来一样。"

　　小男孩若有所思地挠了挠头，不知道有没有理解他妈妈说的话，不过，已经走远了的我，倒是很认同小男孩妈妈讲的道理。

　　生长痛，之所以叫这个名字，就是因为生长的过程会产生痛楚，如果不痛了，也就不长了。我认识一个女孩，她大学毕业就进入到一家大型上市企业，从一名基层的小文员开始，不管刮风下雨，还是电闪雷鸣，她从未出现过迟到早退的情况。我们都知道，一个习惯的养成是需要大量的时间做铺垫的，就算再根正苗红的"习惯"，也可能因为外界的因素偶尔偏离一些。但是，女孩在有关工作时间的问题上，却从未出现过任何差错。

有同事猜，女孩的家应该在单位附近，要不然为什么从来都不迟到，而且，下班了也没看出来有多么积极回家的感觉。女孩儿跟谁都特别地和谐，无论是哪个部门请她帮忙写个文章、做个表格、设计 PPT，她都会微笑着承接下来，无怨无悔。

于是，我们经常会看到，女孩总是办公室最晚一个离开的，周末休息，别的同事都出去玩、吃美食，只有女孩一定要到一次办公室，看看是否有遗漏的工作没有做完，自己的或是其他同事的。如果有没做完的工作，不管是谁的，女孩都会认真地做好，以免耽误下一周的工作安排。

女孩这么努力，可她的直属领导还是经常批评她，说她这个没做好，那个错误出现的频率太高……一些受助于女孩的同事有些看不过去了，私下里就宽慰女孩说："要不然，我和我们部门领导商量一下，你干脆来我们部门工作得了，省得总受气。"女孩很礼貌地回答同事说："谢谢你，亲，没事，我很好，也不觉得自己在受委屈啊。领导的批评都是对的，是我做得不够好，以后再接再厉！"

女孩的乐观，逐渐感染了部门的同事，以及其他部门的同事。整个公司的氛围，似乎都在女孩的影响下，变得正能量十足。在一次高层领导换届时，女孩的领导被破格提拔，成为公司的高级职业经理人，而他原来的位置恰好空缺着。董事会的股东问他是否有合适的人选接替自己原来的工作，女孩的领导自信地推荐了女孩接替自己原来的那份工作。

那个时候，女孩大学毕业才两年，而她即将要上任的岗位，是很多有十几年工作经验的老员工，都难以企及的。在推介大会上，女孩的领导这样评价女孩：

"每一个人在做事情的时候，都避免不了会出现错误，但我们总要去避免错误的再次发生，特别是，同样的错误是不可以连续发生两次，甚至更多次。在我第三次批评×××（女孩的名字）的时候，我本是想说她，怎么能连续犯同样的错误呢？可就在我要这样批评她的时候，我才发现，她是犯了错误，但都不是重复犯错，是她做事不认真吗？不是的，我想，咱们很多在座的同人心里都认同，她做事的认真程度比得上你们所有人。那为什么这么认真做事的人，还总会犯错呢？经过一段时间的观察，我终于发现了问题的所在，那是因为，她做的事情远远高出她的工作职责和范畴，也就是说，很多人将自己的工作交给她做。一个人的事情做得多而复杂，她出错的概率也就越多，但也说明了另外一点，她自身的成长也就更快！你们一定都以为她每天第一个来，最后一个走，是因为她的家离单位比较近的原因吧？其实不是的，她家距离公司，单程需要倒车三次，用时 2 小时 40 分，如果再将这个时间乘以 2 呢？所以，她每天将上班路上可能出现的任何状况的时间都计算出来，然后提前出发，即使有状况，也不至于迟到。我要说的就是这两点，同时也认为，这两点足够证明，我选择的接班人，完全可以胜任她接下来的工作。"

话音刚落，公司的全体员工都站起身来，鼓掌祝贺女孩，送给她的，都是美好的祝福。我相信，大家的祝福都是真挚的，女孩所承受的辛苦与付出，也终于得到了应该有的回报。吃得苦中苦，方为人上人。我们总要经历过一些困难，才能够蜕变得更加超然。就像破茧的蝶，那是一种脱胎换骨的痛，也是生长的过程不可避免的痛。

生命给予我们的，从来都不会只是逆境，或只是顺境。顺境使我们成长得更快，但逆境却是我们最佳的成长期，长好了，或成为人生拐点。

所以，当你面对困境的时候，一定不要气馁，更不要怀疑世界。有怀疑的工夫，为什么不尝试换一种方式去面对呢？或许你会发现，逆境也是别有洞天的一种美。

老徐和妻子淑华的故事，是我们这个朋友圈里，流传得最长久的一段佳话。

淑华长得很瘦小，皮肤有点黑，没有多么值得称赞的颜值，但气质十分优雅，站在老徐身边，可谓才子佳人。老徐很年轻，从年龄上根本看不出已经快 50 岁了，在一家大公司做 CEO，身边美女如云，抛个媚眼、明里暗里送个秋波的事时有发生。只不过，这些小伎俩还入不得老徐的法眼，浮云飘过，蓝天依旧，老徐雷打不动地严于律己，淑华自是放心的。

一些不认识淑华的朋友，时而会打趣老徐，"你一个财大气粗的 CEO，干吗总要委屈自己？时而放松一下，不过格不就没事吗？

那么谨小慎微地活着，累不累？"

另一些不认识老徐的朋友特别羡慕淑华地说："你看你多幸福，找到天底下最好的男人做老公，人还那么老实，这得多大雨点落在你的头上，才能如此幸运呢！"淑华每每听到这些酸溜溜的话，多会选择笑一笑就过去了，没有太多的解释，她觉得，感情的事情，两个人之外的第三人，是不明白，也体会不到的。

我知道，淑华是一个特别优秀的大才女。大学毕业即与老徐步上红毯，那个时候的老徐很穷，一分钱都拿不出来，淑华不计较这些，她喜欢的是老徐的人，而不是他有钱没钱的外在。淑华在一家大型国企做行政管理，而老徐当时勉强找到一个做市场销售的工作。老徐和淑华都是努力奋斗型的人，他们的生活快速地发生着质变。

老徐凭借自己的努力，成为一家企业的高级顾问，之后又被多家大企业高薪撬走。可这个时候，淑华的工作就没有那么顺利了，因为国企改制，淑华从工作岗位上退了下来，得到一笔不少的赔偿金。不过老徐又特别能赚钱，家里也不指望淑华做多大的事业赚多少的钱。但淑华还是选择了自己比较喜欢的事情去做，与此同时，不忘为自己的内在添砖加瓦。她开始学瑜伽，让自己的身体更健康，更柔韧；报了一个烹饪的学习班，她说她要牢牢地管住老徐的胃，做一个上得厅堂、下得厨房的贤妻良母，外加优雅花瓶一枚。

世俗的观点，或许认为淑华这样普通的女子，能够拥有现在优越的生活和幸福的家庭，那都是之前修来的福气。只有淑华自己知道，经营好自己、经营好家庭、经营好双方父母和孩子，是一堂一生都学不完的必修课。

　　淑华和老徐也都经历过人生的低谷期，但他们都顺利地挺了过来，而且从未怨天尤人。他们相信，生活中的逆境都是暂时的，只要信念坚定，不放弃努力，顺境很快就能来临。越是优秀的人越努力，越是努力的人越容易更优秀，世界从不故意亏待任何人，你遇见的逆境，或许是他人的顺境，但也是你最佳的成长期。

　　加油，每一个逆境中从未被打败的你！

所有的遗憾，都是你的努力不够

上小学的时候，我们班有一个大姐大，她是我们的中队长，职位上应该和班长差不多，但她过于凶悍，班长解决不了的难题，她都能很快地解决好，所以职位上、地位上，她都是"老大"。

她叫周磊，一个长得好，还生得好的女生。我们注定是两个世界的人，毕业之后的交集几乎没有，但她是我朋友圈的好友，就是这么多年了，从来没说过话、没留过言，也没点过赞。

朋友圈是真的强大，那些躺在通信录里的好友，不管他们更不更新讯息，只要不屏蔽彼此，总能在想找到对方的第一时间，用最亲切的方式联系上。

我时常看到周磊在朋友圈发表心情，知道她在某互联网公司的分公司，做到了省总。看着她一手组建起来的团队，所创造的收益成了那个省的区域经济标杆。朋友圈也是晴雨表，周磊的表述里，有工作上的艰辛，有收获成绩时的喜悦，有遭遇危机时的迷茫，也有困难面前永不服输的倔强。

这天深夜，我例行公事地刷了一遍朋友圈，看到周磊更新了一条消息：感觉自己都快累成了狗，每天起早贪黑地忙工作，开会都要在下班之后很久再进行，不敢占用一丝奢侈的工作时间。终于回到家了，这个点儿（当时的时间是23时59分），小伙伴们都睡了吧。睡了好啊，不用再想工作的事情了。不说了不说了，人家也要睡觉去。安啦，全世界。

我在0点整的时候给她发表评论：你的颜值与智慧并存，家底与背景齐聚，为什么非要把自己搞得那么辛苦、那么"狗"？

点击发送之后的三个小时，我和周磊来了一场彻夜长谈，当然，用的是强大的聊天工具——微信视频。

周磊说，现在也老大不小的，不能再伸手要家里的钱。他们给，我也不能要，自己有手有脚有能力，就应该自食其力。

我特别高兴，我能成为周磊这样优秀女孩的小学同学，感觉到她身上的光芒，偶尔也会在记忆中照在我身上一点点。说真的，面对比我优秀、比我努力的人，我总是惭愧。不是我不努力，而是我努力的时候，人家更努力，我更努力的时候，差距还是很大。

一直以来，我这样普普通通人家长大的孩子，与那些富二代，或者暴发户的孩子相比，我努力的终点，只是他们的起点，整个人生，我们就不在一条跑道上。

周磊说，她大学毕业之后，就在这家互联网公司工作，一直到现在，13年了。为15个新成立的分公司开过荒，为集团近百家分公司的项目扩过土，从一个城市到另一个城市，她会在霓虹灯闪耀的影子下，发现自己流过的汗、哭过的泪。她从未想过，放下现在的忙碌，回到父母的身边当乖乖女，她说那不是她的生活。既然上苍让她出生在这样一个创业之家，她成年之后的历程，就要自己给自己规划。

想给父母买的新房垫付一个零头，可当她看到购房合同的时候，才发现，自己的那点小存款，还不够买一个卫生间。那次之后，周磊有些小小的挫败感，发现自己不论多么努力，还是赶不上爸妈的奋斗强度。此后，她就开始越发地努力工作、努力赚钱。因为她明白，父母多年以来，为她和妹妹营造的优越生活，背后付出的辛苦不言而喻。

努力过了，才知道需要付出的还远远不够；坚持努力着，才懂得分外妖娆的外观世界，是需要多么强大的内心，才能够包容下如此的挥金如土。那些我们看上去文艺的雕饰、优雅的装扮，实际上都是用数不尽的泪和血，浇筑起来的不败花。

你曾经认为的全世界，其实没有完全的好，也没有完全的不好。所有的遗憾，都是你的努力不够，你吃的苦无法为你的潇洒埋单。如果什么都应该很容易的话，还要努力干吗？

永远别向困难低头

我特别佩服网上那群段子手们，真的很有才，不服不行。至少那些我认为晦涩难懂的东西，他们都能够用言简意赅、通俗易懂的话讲出来。

比如创业这件事，我认为，那些同样起点的创业者，他们成功的关键在于贵人相助。当我们不慎跌倒时，最需要的不就是伸过来一只手臂，善意地将我们扶起来嘛。所以我认为，很多称之为成功的事情上，得到别人的帮助，那是运气好；倘若得不到别人的帮助，也不能怨天尤人，那是原本属于你的命，你要自己去完成。

后来，我在网上看到段子手们，总结出了更经典、更概括性的段子。他们说，一个人的成功在于高人的指点、贵人的相助、坏人的监督，当然，最最重要的是，离不开个人的奋斗。

有高人为你指点，能够使你更容易找到对的方向，方向对了，努力就会事半功倍，如果方向错了，再努力都是徒劳。

做任何事的时候，如果能得到别人的帮助和支持，那一定是特别幸运的事情，这个时候，你所遇到的困难有人与你分担，你所不懂的难题有人帮你解答，在整个努力的过程中，你所感受到的满足和快乐也有人与你分享。这样的人、这样的事、这样的过程和这样的结果，真的是人生中最令人欣慰的幸运。

我们在认真努力做事的时候，无法预料前方的道路是否平坦，也计算不出，这段不平坦的路程有多远，这些都不能阻碍我们前进的决心。可是，有一些那样的人的出现，会影响我们努力的速度，甚至会让我们对世界失去信心，会认为再努力地付出也得不到应有的结果。我们或许没办法阻止坏人的入侵，因为每一个小人都会把自己伪装得特别高贵，只有这样才能在你最近的距离，伤你最深。可是，我们的成功往往离不开坏人的贡献，正是他们的出现，更真实地暴露出我们身上的每一个弱点，也打开了我们每一个可以延伸的脑洞，让我们学会了谨小慎微，学会了防微杜渐，学会了如何成为一名强大的人。

一切重要的外因，其存在的最高价值就是更好地为内因服务。高人的指点、贵人的相助、小人的监督，它们存在的价值，是让我们的奋斗变得更加有意义。奋斗了，成功或许还是未知数，但不去奋斗，你也永远不知道什么才是真正的成功，更不会收获整个奋斗过程的人生真谛。

每一个人生，都有它特立独行的存在意义，每一个人生的某个片段，也都有着它不可或缺的存在感；否则，你的人生，不就真的断片了嘛!

　　我居住的城市,陆陆续续建起了很多自行车场地,从一个地方到另一个地方,只要是同一系统的停车场地,你就可以一段路程一台车,要多酷有多酷,还不用带锁,不用担心丢掉或坏掉。但骑自行车的人都有一种感受,无论你自行车骑得有多快,你依然追不上机动车跑道上四个轮的宝马。于是,你又会想,要是能够免费提供机动车用来出行就好了,机动车的速度和感受力一定和自行车不是同级别的。同时你也发现了,平台很重要。

　　很多人都说,这个世界是男人的战场,战争也好,和平也罢,世界的主角只能是男人。可我不得不疑惑,男人既然这么优秀,那为什么还要去找个女人和自己生孩子呢。毋庸置疑,凡事都要讲究一个合作,因为合作很重要。

　　我见过打群架,两伙人数差不多,受伤程度也不相上下;也见过群殴一个人,那人被揍得离 over 不远了,后来听说,被揍的那个人是某拳击青年锦标赛的冠军,但结果还是一个人敌不过众多人。对的,一个人的能力再强,也打不过一群人。这使你不得不承认,团队很重要,团队的核心力更重要。

　　如果想要一个可靠的保障,那么就需要去挖一口井,而不是渴了的时候才想起来去买一桶水,这说明,管道很重要;有人祈求菩萨让他和他的家人五福临门,可他自己却不愿意相信,菩萨真的存在着。凡事有因必有果,厚德才能载物,不存在一味地索取而不去付出,这说明人本身很重要;付出努力的人都希望得到成功的回报,可你只有在无数次改变自己，调适自己、以适应周身的环境，才能从内而外地创造非凡，这说明心态很重要。

　　两只青蛙相爱，婚后却生出一只癞蛤蟆，青蛙爸爸十分气愤，以为妻子背着自己出轨了。然而事情的真相却是，青蛙妈妈原本就是一只癞蛤蟆。既然有奢望拥有，就要有心态去承受，这说明，心态很重要。毛驴孙子不解地问毛驴爷爷："爷爷，为什么同样是牲口，咱们最好的口粮是草，人家奶牛顿顿都吃饲料，这也太不公平了。同一屋檐下，差距怎么就这么大呢？"毛驴爷爷无奈地安慰孙子："好孩子，咱们靠腿吃饭，人家奶牛靠奶吃饭，咱们的付出本就不同，又有什么理由去奢求一样的待遇。"这说明，自知很重要。鸭子和螃蟹赛跑，跑了很久也分不出胜负，最后裁判无奈地让它们划拳来分胜负。结果，鸭子不愿意了，大怒道："我这样的鸭蹼，除了布还能出别的吗？你再看看人家螃蟹，它出生就会出剪刀，我和它划拳？不划就已经分出胜负！"这说明，自身的资源优势很重要。

　　都说，一个人的格局有多大，他的舞台就有多大；一个人的心态有多好，他的运气就有多好；一个人有多努力，他的成功概率就有多大……可现实总是很残酷的。所以，我们不要去奢求外在的补给，也不要期待贵人的出现，你总要相信，没有这些，你依然还是现在的选择，依然要为这样的选择竭尽全力。

　　这是你的宿命，与运气的关系可能不大。

人生没有白走的路，每一步都算数

　　小凡是许总的秘书，一次我们共同探讨话题的时候，有了第一次接触，之后又有了第二次、第三次……小凡对我说，她要离职，许总不让，然后让她多和我接触。

　　我问小凡，为什么想到离职，是工作不开心吗？小凡说，工作很开心，可就是觉得这样的工作，不是自己想要的。我又问她，你想要的工作和生活是什么样子的？她认真地想了想，想了很久，也没有想到满意的答案。

　　看吧，那些貌似十分简单的回答，实际上你绞尽了脑汁也未必得到答案。不是问题本身有多难，而是这样的问题，根本无法作答。

　　早上起床时，我顺手拿过手机，看到大维给我发了一条特别简短的微信，问我，人活着到底为了什么？看到这样的问题，我就知道，大维一定是遇到了什么事情，让他不知该如何释怀，于是开始怀疑人生了。

我推荐大维看一部纪录片《内心引力》，告诉他，鼓励和安慰的话再贴心，都不如自己去感同身受，很多事情，只有大彻大悟之后，才能做出当时你最佳的判断。

我猜得没错，大维果真是遇到了他自己迈不过去的坎儿。

大维说，一年前，他认为自己拥有世间所有美好的事情，亲情、友情、爱情、事业和梦想，可一次意外的事端，让他不得不选择了离婚，独自承受一切。大维本以为，放手了是代表绝对的爱，也以为一年的时间足够用来忘记想要忘记的人。可是，当他无意间从别人的口中知道了她的一些消息之后，内心彻底崩盘。

大维认为，今天的他一无所有，没有资格去奢求任何美好的事物，他这一生可能就要这样暗无天日到永远了吧。我笑了笑对他说，成功或是失败、拥有或是失去，都不是一件永恒的事情；反之，好的坏的，都有它自己无法改变的阶段性。很多属于你的明天的东西，任何人都不可能在今天或之前的时间里偷走。

我不了解大维的故事到底是怎样的，但我相信，只要他走过了现在的悲观，明天的太阳，还是会照得他只能眯着眼微笑。

研究生同学的聚会上，班长举起酒杯，意味深长地开始了讲话：

"咱们班，我最佩服一个人，她有工作，却还在努力学习自认为欠缺的知识；她有家庭，却会在周全地照顾好所有人之后的夜里，继续读书、写字。我们都有工作，却总会找出工作忙的借口，而搁浅了进步；我们这个年龄的人，大多也都有了家庭，可有了家庭之后的自己，往往就不再是当初那个有梦想、有追求的自己。她是谁，不用我多说，你们都感受得到来自她身上的光芒，照亮了我们这里所有的人。感谢她的存在，她努力将梦想变成事业的决心，感染了我们每一个犹豫不定的决心。"

这么高的评价，让小童自叹不如，可她还是举起了酒杯回敬大家，用简单的回答，再一次给了大家一个继续奋斗的理由。

小童说："我做得还不够好，但我一直都在努力着，希望终究有一日，能够让才华配得上梦想，能够让流逝的光阴看得见出口。"

时间真是一个好东西，你不需要花钱，就能拥有很多很多；当然，即使你有很多很多的钱，你也买不回当下之前的时间，哪怕是短短的一秒钟。

努力需要时间，奋斗需要时间，成功或是失败还需要时间，可时间到底给予了我们些什么？人们不断为了理想而努力，为了事业而奔跑，这个过程中，时间又做了些什么？

这个答案，我是在途经一所小学的门口时找到的。

一群数不清的小学生，伴着课间铃声的响起，瞬间从教学楼涌现出来，一点儿也不觉得操场狭小，只要能够立得住脚，就不耽误嬉戏。短短的十分钟，可能一个游戏节目才刚刚开始，上课的铃声再次响起。孩子们就像商量好一样，同时站好队，准备回教室上课。不会有人因为马上就轮到自己的游戏，突然间被上课铃声打断而懊恼，也没有谁会因为刚刚自己的胜利，而鹤立鸡群地在一边独打。大家的名字统一都是"小学生"，身上穿着的也是一样的校服，不分三六九等，没有尊卑贵贱。

对于学生而言，他们的时间要么用来学习，要么用来嬉戏。

那么，我们的时间都去了哪里？

小福是体育学院的大三学生，利用暑假的时间，他来到一个开在住宅区的健身馆，当起了健身教练。在这里，他遇见了形形色色渴望健身的人，有身材匀称，但脂肪比较松散的学生；有明显的啤酒肚，却没有多少臂力的中年人；还有上了岁数，却一直没有放下健身的老年人。

有个读高二的学生，高三一开学就不来健身了，学生办的是年卡，可是用了不到五次，小福觉得有些可惜。其实，时间不是问题，再忙着学习，也得有休息的时间。给大脑放松的时候，不正可以让身体接受一番洗礼嘛。

啤酒肚的中年大哥，坚持了三个月，每天都来，每次都跟着小福从开始练到最后，中间都不带接一通电话的。小福觉得，大哥很懂得尊重别人，因此，他也很尊重那位大哥。中年男子的啤酒肚一点点地见小了，臂力也一点点有力道。可不知怎么，到第四个月的时候，中年大哥锻炼的时间开始不稳定，有时候隔天来一次，有时候一周来一次。再之后，索性不来了。他的理由是，应酬太多，每次应酬都得喝酒，今天啤酒肚下去了，明天还得再长回来。与其遭受过痛苦，再重新面对，还不如一直这样下去，省下了时间做些其他的事情。

倒是那位一直保持健身习惯的大叔，不是每天都来，但一周至少来五天，很是均匀。大叔说，很多事情，只有养成了习惯才学得会坚持。但若是坚持一件本能之外的事情，每天都去做，一定很难。可不能因为事情难做，我们就轻易放弃，而是要想一个自己可以接受和坚持的办法。其实，大叔也担心他没办法坚持天天都做健身，于是，他就给自己的身体做了一个"工作和休息的时间表"，我们上班不是一周五天工作日嘛，大叔就给自己的健身，也来了个双休日。

这个休息日不是固定的，临时有事情去忙，也不用担心影响了健身。多年的坚持，使得大叔的身体特别好，体质超过了很多三十岁的年轻人，6块腹肌真实再现了，这是他用在健身时间上的所得。

有时候，我们因为着急做一件事情 A，就不得不放弃既定好了的路线 B，认为走了 B 就会影响了 A。可是，当我们按部就班地把 A 这件事做完了之后，才发现 B 的出口刚好比 A 近了一段距离。如果按照 B 路线来执行，或许会事半功倍也说不定。

任何时候发现失误都不算晚，即使多走了一段弯路，你不也看到了这条弯路上的风景吗？所以，千万不要去悔恨自己的失误，也不要埋怨比别人多做的那些付出。多走的路、多做的工作，都会变换成经验与收获，在你认为多此一举的那段弯路上，你的人生多了一份精彩。

别让人生，输给了心情

科学家做过一个实验，在水结晶之前放音乐给它听。听了优美音乐的水，结出的晶体特别美，像雪花灿烂的微笑；而听了沉闷的重金属音乐的水，结出的晶体却非常丑陋，像受了刺激的恶魔扭曲的脸。

于是，又有科学家分析，液体若是对美好的音律有甄别的能力，那么人身体里流淌的血液，也会因为外界的因素而发生截然不同的反应。如果流入耳朵的总是恶语，又或者是自己对他人发的臭脾气，身体内的血液就会感同身受，流通不顺，形成结节，阻塞各个重要通道，严重影响身心的健康。

实际上，人是非常脆弱的一个群体，往往一句埋怨的话，就可能伤害到微小的自尊心。一个人若是能够做到，心情不被环境所累，那么这个人的内心定会无比强大，既不被好的环境所利诱，又不被劣的环境所打扰。

环境的变换总是阴晴不定，而心情的好坏，自然也就会受到天气变化的影响。你一定会有这样的感受：阴雨连绵的天气，特别想窝在家里睡觉睡到自然醒；晴朗明媚的阳光下，再黯然的神伤也会顷刻间被驱散。于是我们发现，谈判时候的阳光最温和，因为双方都希望这样的碰面可以有一个令人满意的结果。而中国民间流传的一些民俗语言，也昭示出节气也有它们各自的"晴雨表"，比如"正月十五雪打灯""清明时节雨纷纷"。

不可否认，天气的好坏会影响很多人的心情，但我们也不能因此就让天气随心所欲了去。天气毕竟还只是天气，它不是心情的亲生爹娘，更不是心情的再生父母，它的好与不好，心情也不必拿自己的全部家当给它埋单。我们可能没有能力去选择天气的好与坏，却可以选择和驾驭自己的心情。因为能够影响心情的，从来都是你自己。

一位心理学家做过一个这样的实验，他们找来一名即将被执行死刑的重犯，蒙上他的双眼，让他躺在一张冰凉的手术床上。告诉他，有一把锋利的刀子要划过他手腕处的动脉血管。然后，在死刑犯浑身的毛细血管开始紧张的时候，用冰凉的刀背在手腕处迅速划了一下。此时，另一名心理医生打开水龙头，让水一滴一滴地，发出清脆的"滴答"声，让死刑犯潜意识地认为，是自己血管里的血液，正在一滴一滴从体内流出来。没过多久，这名死刑犯就停止了呼吸。真正让他失去生命的，不是血液的干涸，而是内心的绝望。

当你听到有人抱怨："这是什么鬼天气，一点儿都不适合出去拜访客户！"其实，影响他拜访客户的不是天气，而是他心里没底。驾驭不了自己心情的人，就像没有弩的箭，再锋利也不能凭己之力射向靶心。你若不能调整自己的心情，那么但凡出现一些情况，你的心情就会毫无招架能力地被环境所破坏，届时，被动的就是你自己。

有一天，我的一位合作伙伴发信息给我，不是问候而是斥责，因为我们共同合作的一个项目，在消费平台上运营时，没有创造出预期的利润。她给我打电话的时候，我正在吃火锅（火锅大概就是我这一生中最爱的一道大餐了，无论多么重要的事情，只要我坐在火锅旁边，全世界的黑暗都在这一刻集体点亮），这是我心情表中的最佳状态，但她突然间携带着负能量闯入这个时空，我的心情就不能再任凭自己继续开怀下去。我放下吃火锅的幸福感，拿起严肃的压力，继续听着合作伙伴的刁难。

这次电话沟通中，我一直没怎么说话，纯粹是个听众。或许是因为我没有表态，合作伙伴以为我是心虚了才没有底气和她辩论。她的责备越发激烈，她的情绪越发高涨，她的理性越发地失控。到最后，她对我的斥责已经演变到了认为是我毁了她前程的层面，我彻底无语了。

没事儿惯着别人的小脾气？我可没有那么大方。问题出现了，首要的任务应该是解决问题，尽可能地挽回各种损失，待这些工作完成之后，再自我反省，总结错误的经验，实际上也是为了更好地避免在同一个地方再一次跌倒。

谁也不是谁的救世主，没有必要为他人的错误预支愉悦的心情。

话筒这边的我，收起了宽大的心胸，也收起了原有的理智，开始针对合作伙伴不由分说地指责她无理取闹，——找到她自身可能出现的漏洞，我不是想在问题出现的时候，第一个撇清关系，但我必须将自己的立场和态度表达出来。既然我有接受这个任务的挑战，也能够理性地放下所做的一切贡献。从头来过需要勇气，也离不开智慧。

　　我对合作伙伴的情绪失控表示慰藉，可我也没有原谅她的责任。一个情绪无法掌握在自己手中的人，未来也不是很适合继续与我合作。虽然很多事情上，我做得也不够好，但我却可以尽我所能地照顾好情绪。生活本就是挫折烦恼一箩筐，环境因素也不是我们能够控制得了的。人吃五谷杂粮，情绪自然也会阴晴圆缺。我也不是没有烦躁的时候，只是我知道，烦躁的时候，应该怎样去调节和控制内心。

执着要坚持，执念需放下

某部网络小说被拍摄成电视剧后，在视频网站的热榜上，始终居高不下。该电视剧的女主角扮演者，其个人的片酬甚至高达100万元人民币一集。这部电视剧给我留下的印象并不深刻，属于那种看的时候很精彩，看过了也就那回事的类型。不过有一个词我却记忆犹新——执念。

哲学意义上对"执念"的定义是：一个人由于长时间专注某种事物而产生的一些情绪，这种情绪是不好的，是带有怨气的。时间一久，怨气就会从无形变为有形，让人不自在、不能超脱。执念就像执着的阴暗面，执着是正向的努力，而执念是努力的过程中可能产生的负面情绪。因此，要坚持执着，那是让我们变得更强大的利器；同时要放下执念，给心灵一个全然无枷锁的自由，去奔放、去豪情万丈。

上大学之前，可能我接触到的圈子也不是很大，九年义务教育基本上都在家门口的学校解决了，高中的时候离家远一些，需要住校，但好在也都是在本市。在我上大学之前，我基本上除了几次短时的旅行，就没有乘坐过其他交通工具，离开我生活了二十年的太原。

大学的时候，我在深圳读师范，天南地北的学生汇聚在校园里，什么腔调、什么口音都能听到，很是有趣。但更有趣的是，我在这个学校里，见识到不止十个精神病，有三个男生和我同班，四个女生和我住在同一栋宿舍楼，还有一个女生是计算机系的，另两个男生是政法系的。我不知道除了这十名学生之外，还有没有其他的我没有发现的精神障碍的人，光凭这十个人，也已经够我消化一阵子了。

我们班的那三个男生，一个是班长，他的故事我在这本书的其他章节，已经分享过，还有一个男生叫李海龙，对，就是这个名字。

李海龙是东北一个小农村考学出来的大学生，他是我们班三个精神上出现障碍的学生中，病情最轻的一人，被我们知道的时候，应该是他身体情况相对比较差的时候，家人索性接回家里调养了一个学期，再返回学校的时候，他已经是我们下一届的学弟了。

我跟李海龙接触得不多，只知道他疯狂地追求过我们班一个长相甜美，但已经有了男朋友的女生。后来被女生的男友发现，堵在图书馆后面操场边上的围墙外，狠狠地揍了几次。一般，揍过一次后，只要不再找事儿，也不会再有接下来的仇恨了。但李海龙就是死犟死犟的那种男生，十头驴也拽不回来的犟。女孩的男友也是暴脾气，你越犟，他越揍得狠。于是这两个人就上演了精彩的"越揍越犟，越犟越揍"。

李海龙曾经将他追求女孩的感受写成故事，投递到学校的杂志社，还把故事改编成剧本，再投给了话剧社。当时，我是话剧社的一员小跟班儿，社长拿到所谓的脚本之后找到我，问："李海龙是你们班的吗？"

我说："是！"

"他是不是精神不好？"社长手里拿着李海龙改编的剧本，不耐烦地跟我发牢骚。我"扑哧"一笑，笑出了声。我和社长都以为，"他是不是精神不好"是一句玩笑话，不过这句玩笑话说出来没多久，李海龙同学真的因为精神状态不佳，回家休养去了。

我去食堂吃饭，总能看见一个女孩傻傻地笑，然后一个人点了一大桌子的菜，使劲地狂吃，吃不完再打包，可笑的是，打包袋通常都是用手纸。有一次，女生的手纸不够打包用的，就来到坐在她隔壁餐桌吃饭的我面前，问我有没有手纸。周围很多吃饭的同学都向我投来怜悯的目光，我心里一紧张，但还是手忙脚乱地把面巾纸拿出来递给了那女生。

从那次之后，我就总能见到这个女生，她也总能看见我，因为，她会选择距离我最近的餐桌坐下。我想，我们同是女生，虽然她可能精神不好，但我去主动刺激她，应该不会悲催到受到人身伤害。

可有一天傍晚，我因为话剧社有活动，去吃晚饭的时候已经很晚了，那个女生就傻傻地坐在食堂，不知道在等谁。我打了饭找了一个角落坐下，一边吃饭，一边给宿舍的一个女孩发信息。突然间，一声撕心裂肺的呼喊划破了食堂原本的寂静，一个力气超大的男生，一只手像拎着小鸡一样，将那个精神状态不是很好的女生拎起来，不由女生抵抗地朝我走来。

"你是不是喜欢她？你是不是移情别恋？"男生一把将女生甩在我面前，怒瞪着她，手指着我，呵斥地问道。

我当时都木了，傻傻地站在那儿，差点儿被当成炮火点燃。还好我们话剧社的社长也来食堂吃饭，看见那个局面，很有经验地拉起我就跑出了食堂。

"你说说你，这都遇见什么事儿啊，怎么还男女通吃了呢？"社长讽刺我说。

我白了他一眼，大口大口喘着气，也懒得搭理他。

从那之后，我就再也没见过那男生和女生。学期末的时候，有一天，学校男生宿舍围了很多人，中间停的警车顶上的红蓝灯一闪一闪的。话剧社的社长，一手拍着篮球，一手拍在我肩上，像讲故事一样跟我说：

"你知道吗，就那天在食堂我们看见的男女两人，他们是恋爱关系，但是那女的好像对你挺有意思，后来被男的发现了，锁在自己的寝室，痛打三天，然后男生潇洒地失联了，被打得半死的女生用头撞破了玻璃，引起别人的注意，这才有人报了警。"

瞬间，我身上所有的汗毛都竖了起来，没有长出汗毛的毛孔也有所放大。回到宿舍，我一直睡不下，很认真地思考着，李海龙、班长、这个奇怪的女生，还有我知道的另外几个精神出现障碍的同学，他们的内心世界到底经历了什么样的挫败，又或者什么样的刺激，才演变成今天这般，痛彻心扉的执念行为？

前几年，我有一段时间专项研究精神疾病患者的生活状态，还读了一本《天才向左疯子向右》的书，然后我明白了，其实我和我身边普通的伙伴们，大可不必担心自己有天也受了刺激变成精神病。因为精神病不是一般人能得上的，那些有潜质成为精神病的人，同样有一种或称为天才的潜质。天才与普通人之间，一个很大的区别就是，天才比普通人更执着于梦想，以及为了追逐梦想，倾其所有的决心；而天才与疯子之间的一大区别是，天才执着于梦想，疯子执念于梦魇。

你一定会有那么一段经历，因为选择的单一性而患得患失，因为不得不放下的东西而遗憾不已，甚至因为某一次的错过而耿耿于怀。生活不是植脂末，不会让令你难以下咽的苦咖啡变得柔软起来。生活中的不如意十有八九，谁都不是这个世界的例外，为什么一定要拥有世界对你的另眼相待？至少我是相信一句真理的，有失必有得，有得又必有失。失与得之间，能拿得起来的，请执着地去坚持；拿不起来的，就请放下执念。

有人说，能拿得起的人是勇者，懂得放下的人是智者，对这句话，我深表赞同。人这一生，有快乐也会有悲伤，有高峰亦会有低谷。今天的你或许深感"千斤重担压心头"，但只要坚持挺过去，明天的你就会"剑走偏锋所以然"。那些少不更事的时光里，我们时常认为，能够拿得起的事物，一定也能够放得下。伴随着时光的流逝，我们成熟与长大，发现那些拿得起来的再放下，是何等困难。

即使困难，我们也做到了，因为我们懂得，有一种成功叫撤退，有一种失败叫占领。大丈夫者，当拿得起，放得下。

不完美，才美

台湾著名作家刘墉先生曾经写过这样一个故事：

我有一个朋友，单身半辈子，快五十岁时突然结了婚。新娘跟他的年龄差不多，徐娘半老，风韵犹存，只是知道的朋友都窃窃私语："那女人以前是个演员，嫁了两任丈夫，都离了，现在不红了，由他捡了个剩货。"

不知道是不是话传到了他耳里。有一天，他跟我出去，一边开车，一边笑道："我这个人，年轻的时候就盼开奔驰车，没钱，买不起。现在呀，还是买不起，买了辆三手车。"

他开的确实是辆老奔驰。我左右看看说："三手？看来很好哇！马力也足。"

"是啊！"他大笑了起来，"旧车有什么不好？就好像我太太，前面嫁个四川人，又嫁个上海人，还在演艺圈二十多年，大大小小的场面见多了，现在老了，收了心，没了以前的娇气、浮华气，却做得一手四川菜、上海菜，又懂得布置家。讲句实在话，她真正最完美的时候反而被我遇上了。"

我说："别人不说，我真看不出她竟然是当年的那位艳星。"

"是啊！"他拍着方向盘，"其实想想我自己，我又完美吗？我还不是千疮百孔，有过许多往事，许多荒唐。正因为我们都经历了这些，所以都成熟，都知道让，都知道忍。这不完美？这正是一种完美啊！"

正如刘墉所说："美若没有几分遗憾，如何能有那千般的滋味？"

其实，不完美，本身就是一种美！

古罗马神话中的女神维纳斯，因为没有双臂而成为举世无双的残缺艺术美，它在人们的心中，永远都是爱与美的化身。失落的双臂给世间留下无数的遐想空间，那些为了梦想而与幸运失之交臂的痛，也都开始变得柔软起来。

创作音律的人离不开耳聪目明，然而音乐天才贝多芬在他26岁的时候，听力开始逐渐下降，到46岁的时候已经完全失聪。身体上的残疾远不及心灵上的缺憾，即便如此，贝多芬仍没有放弃音乐的创作与追求。第三交响曲《英雄》、第五交响曲《命运》、第六交响曲《田园》等音乐作品，都是在他失聪之后创作出来的不朽的经典。

每一个生命在世界上走上一遭，都会经历幸运，也会遭遇失败；看得见阳光的明媚，也感受着黑暗的冷漠。月亮自有阴晴圆缺，此事古难全；人有悲欢离合，切莫因此懊恼埋怨。现实总会残酷于梦想；大千世界，王侯将相与贩夫走卒也都会经历磨难与遗憾。完美，只会存在于我们的想象之中，莫言的《檀香刑》中写过这样一段话：

"世界上的事情，最忌讳的都是十全十美。你看那天上的月亮，一旦圆满了，马上就要亏欠；树上的果实，一旦熟透了，马上就要坠落。凡事总要稍留欠缺，才能持久。"

有一个圆，因为丢了一个角而感到不快，为了找寻那个失落的角，圆背起行囊，开始慢慢寻找之路。因为少了角，圆变得不再是"圆"，在地上翻滚的速度变得极慢，偶尔要是遇见个磕磕绊绊，可能还要使一股子蛮力，才能越过障碍，继续前行。

但也是因为速度放缓了，圆看到了旅途边上芬芳的花儿，嬉闹的孩童和美妙绝伦的夕阳、意气风发的朝阳。这是一条以前圆曾经翻滚过无数次的小路，可总是因为速度快而来不及看风景，也不能长久闻到花香，更没有时间与虫儿对话，与鸟儿歌唱，与风儿共舞。这一次，圆感到前所未有的满足、快乐，它一路上欢快地哼着歌，周身充斥着愉悦和满足。

旅行中的快乐时光，总是在不知不觉中快速度过。后来，圆找到了迷失方向的那个角，它突然间觉得，整个世界都变得不那么美好与快乐了。于是，圆放弃了角，依旧残缺地走完属于它的旅途。如果不是缺了一个角，圆没有机会放慢自己疾驰的步调。也许它是工作上的精英，是企业的中坚力量，是家庭的顶梁柱，是社会的人才、国家的栋梁，可它却不是那个快乐的自己。为了所有人，圆曾经无比努力地拼搏，可它却从未感觉过快乐。当然，没有感受过快乐的人，一定不知道快乐是多么的令人神往与难以忘怀。

正是因为缺失的一角，为了补全自己的完美，圆才开启旅程寻找丢失的一角。也是因为没有了一角，圆才有了那么多原本属于自己却一直被忽略的美好。人或事物，总会在缺了一样东西之后，得到了前所未有的充实和快感。于是，更多的人开始意识到，稍留欠缺，方能持久。

人生是一个充满喜怒哀乐的剧本，或许它不能时时地完美着，但它却是处处完整的。你认为的缺憾，上帝给予了更多的人生百味体验，于是，你拥有了完整的人生，失去了，残缺了，却也意义非凡。

人会变老、铁会生锈、青苔也会落灰，世间万物甚至会经历千疮百孔的痛。而你我，又何尝不是经历痛过的心酸，才体味到五味杂陈后的甘甜？

不是有过挫折人生就不再完美了，人的每一段经历，都是上苍给他的一种历练、一种豁达、一种成熟、一种人生境界。你想要拥有永远的快乐，顺境中没有，除非你向磨难低头，在痛苦中寻找。

岁月无尽，生命有终，不完满才是人生。

人活一世，不要幻想生活的四季都温暖如春，也不要幻想人生的境遇都完美无缺，你拥有怎样的人生，它取决于你有着怎样的生活方式，秉持一种什么样的生活态度。接受不完美，才是幸福人生的生存智慧。

坚定不移地走自己的路

高手之间过招，所比的是经历了多少磨难，而不是取得过多少成功。

中国人一向都是爱憎分明的，能异口同声地表达大家的步调一致，就不会分成正方、反方去辩驳。比如鲜花赠予偶像，谩骂不理解的一切质疑，再为心中的神话献上充斥着洪荒之力的掌声，真正地做到了对敌人如同寒冬一样冷酷无情，对贵人像春天一样温暖与复苏。

很巧的是，中国女排主教练郎平，着实在 30 年间将这冰火两重天的感受都体会得淋漓尽致。

郎平收到"鲜花"的时候是 30 多年前，那时她还是一名中国女排队员，凭借出色的扣球而被赞誉为"铁榔头"。

那是一个对任何感情都十分仔细和眷顾的年代，只要能够燃起希望的火源，就能成为人们生命中的圣火。郎平和她的老女排在中国人几乎对三大球赛事彻底绝望的时候，以世界首个"五连冠"重新燃起了国人的希望。自此，中国女排和女排精神就像孔明灯一样，心系着国人的荣辱。

原本一切都是可以顺理成章的，当冠军接受球迷们的追捧，退役后继续留在体育系统或是从政，这应该是大多数运动员的履历。可是，郎平却选择了在最鼎盛的辉煌期退出，并放弃了所有随之而来的橄榄枝，只身赴美公派自费留学。后来，为了交学费和最基本的生计她不得不开启了"打工"模式，从助理教练到主教练，20 世纪 90 年代初期，还曾经回国担任过一段时间女排国家队的主教练。

国人对郎平担任哪个国家的教练并不是十分排斥，世界上又有哪个国家没有"外教"呢？

人们对郎平的不理解和谩骂，是从 2008 年的北京奥运会开始的。郎平当时的身份是有着中国国籍的美国女排主教练。

郎平这一生中遇见的最尴尬的事情，应该就是在祖国的主战场上，以对手的名义出现在赛场。并且，她执教的美国女排以 1 枚金牌的光辉，无情地挥洒在中国女排第 4 名的榜单上。于是乎，全国人民沸腾起来，与多年前的沸腾不同的是，很多国内的球迷开始在网络上毫无底线地对郎平大肆谩骂，郎平被赤裸裸地骂成了"叛徒"。

郎平一定是带着失落离开祖国的，一定很委屈。

有的时候，委屈又是很难用语言表达的。当初郎平短暂地执教女排国家队时，属于临危受命，当时她的再度离开也是带着荣誉走的。如今这个尴尬局面谁也不想看到，事情既然发生了就一定有人来承受。

显然，郎平做足了承受的准备。

2013 年当女排国家队跌入历史谷底的时候，郎平责无旁贷地承担起这份重任，没有因为 5 年前的鄙夷而自羞，更没有因为 5 年前的谩骂而耿耿于怀。在郎平的坚持下，女排突飞猛进地涅槃了，新女排就此诞生，她们将创造出一个又一个的奇迹。

2016 年的里约奥运会，女排赛颁奖奏响《义勇军进行曲》时，想必不只是中国人在感动，这份感动属于运动场上、电视机前、互联网平台上的每一个人。

面对潮水般的赞美，郎平冷静得就像 8 年前被谩骂时所表现出来的那份坦然一样。郎平始终都不会被胜利和赞美冲昏头脑，她还理智地回复大家：

"体育就是一种娱乐，大家应该以轻松的态度面对输赢。不要总把体育上升到爱不爱国的高度。

"今天的获胜是女排精神的传承，但媒体不要因为我们赢了一场比赛，就把我们抬得很高。"

郎平还强调："不要因为胜利就谈女排精神，也要看到我们努力的过程。女排精神一直在，单靠精神不能赢球，还必须技术过硬。"

体育就是一种娱乐式的竞技，而不应该升华到"爱国"的高度。

所以，郎平才会坦然承受谩骂，接受掌声。

这个世界上的因果之间，总会有着必然的联系，纵使今日的光亮照不到明日的黑暗，但风雨过后阳光总是不会偷懒的。

不是所有的运动员都可以成功地转型为教练，正如不是所有的创业者都能够随同企业不断地发展变化而同步成长一样。35 年前，老女排缔造出了女排精神；35 年后，老女排中却只有郎平依然活跃在女排的第一线。

郎平的果敢让她有勇气突破自己，她坦荡的内心让 35 年间的每一次来来回回都变得那么理所当然。如今的女排精神，在郎平的演绎之下开始不断表现出新的内涵——死扛、硬拼、比对手多坚持一分钟……这份积淀与革新已成为中国体育界的实力招牌。

郎平是胜利的，她的胜利表明了，人类社会中的“人”一定是大于一切的组织。企业之中，最核心的竞争力就是掌握核心技术的尖端人才，我们有理由相信，在未来的企业组织结构中，一定会有很多支像女排国家队一样的“突击队”。

体制和制度的力量会开始逐渐让位于领导者或决策者，人的力量将不断扩大、再扩大。

郎平的身上，貌似看不到“创业者”的本色，至少在体育界，与姚明和曹燕华相比，郎平更像是一位优秀的职业经理人。郎平具备了一名优秀的职业经理人主要的特性。

郎平具备了一个行业中最专业的技术能力，多年以来未曾搁浅过；她个性鲜明，善于总结和计划，能够为了在赛场上比对手多坚持一分钟，勇于尝新；她在职业生涯所陷入的谷底之中，不论多么艰难，都未曾放弃过各种努力，特别是那种创新与传统的对抗，坚持与妥协的碾压。

这种具有妥协智慧的"职业经理人"可是非常罕见的。

在企业界，像郎平这样的人才可谓真正的宝贝。她的智慧、她的坚持、她的果敢、她的信仰，她的女排精神所折射出的启示值得所有企业家借鉴，甚至是复制。

郎平接受过最专业的训练，有多个"五连冠"的大赛经验，又在不同的国家有过教练的职业经历，这些都成就了只有她才能创造出的全新女排精神。

郎平是一个内心坦荡的正直之人，从人生观到价值观再到世界观，三观的每一成分都是鲜活而又清透的。我们知道，作为企业的领导者，即使不在一线上打拼，至少也要了解一线的所有动态。郎平30多年以来始终没有离开过排球，无论是运动员还是教练，无论是在祖国还是异国。管理，并非是高高在上的高谈阔论，而是像销售与客户保持一定的黏度一样，管理者同一线员工之间也要保持一定的亲和。

郎平最善于用人，很会发现和挖掘人才，放在猎头里绝对是一个优秀的"伯乐"。

在郎平多年的执教生涯中，她擅长在多个国家中以最快的速度将"零基础"的队员培养起来，并且取得他人难以想象的成功。

团队建设中，郎平始终保持和气并且善于运用鼓励，帮助队员们保持活力与信心。特别是大赛的时候，有郎平坐镇，队员们就有信心顶得住任何的压力，取得最后的胜利。此坚韧不拔的拼搏精神就是女排精神的核心诠释。

第五章

不要假装努力，
结果不会陪你演戏

做最坏的打算，向最美好去努力

我们在决定做任何事之前，首先应该做好最坏的打算。

做最坏的打算，并不意味着最坏的打算一定会发生在我们的身上，那是一种向死而生的努力与心智。冒险，又给自己留有退路；激进，却提早想好了应对的措施，这种做法实际上给成功的"出行"加了一道安全"保险杠"。

凡事，也只有做好最坏的打算，尽最大的努力，才能有最好的期待和收获。

很多事情得不到期许的那份结果，很大的原因就是不够努力，当然，也可能是时机不对、方法不对，但只要保持平常心，冷静地分析事与愿违的原因，记住教训，累积经验，然后放下失望，积极地面对当下的每一分每一秒，而不回头哀叹过往。

接任中国女排国家队的时候，郎平第一时间将女排之前的"差成绩"一并"格式化"，去除所有的不理想，即使接下来或者长时间之内的成绩依然不容乐观，也要用99%的努力去战胜那1%的"最坏结果"。更何况，即使没有心想事成又有什么关系呢？事与愿违也要随遇而安。塞翁失马焉知非福，有时候得不到不一定是一件坏事，也许正是幸运的开始，所以勇往直前的人们，千万不要身陷在失望之中而错失更为幸运的机会。

带队与创业或许是困苦的、艰涩的，但那份初心仍然可以向着美好，这份自信来自你已经为自己设想了最坏的结果，那么，在努力不被减少的情况下，你收获的结果一定会比预想的好很多。郎平的这份"自我安慰"不正为那些初创企业的企业家们做好了精神上的铺垫吗？

在我们的国家，初创业的公司失败率高达80%，这样惊人的数字并没有影响到企业家们勇往直前的坚定信念，特别是伴随"大众创业，万众创新"的逐渐深入人心，创办的新企业与创业的企业家们如雨后春笋般蓬勃地发展起来。据相关数据显示，中国每分钟诞生8家公司，但能生存到3年之后的却不足6家。所以，每一个准备创业或刚刚创业的企业家们，都应该做好最坏的打算，并时刻做好向着那20%的赖以生存的企业努力。

如何才能成为屈指可数的20%呢？

显然，这是摆在很多创业者面前的一道难题。有经济学家分析，若不想让你的初创企业成为大浪淘沙中的一个过客，至少在创业之前就要做好以下三个准备：

首先，你的选择一定要大于你的努力。任何事情总是想起来容易做起来很难，而认真做事就更难上加难了。但无论你想创立的是一家连锁小店，还是一家能够颠覆世界的巨头产业，都需要创业者具备超过 100% 的努力。

为什么说选择与努力相比，选择更重要呢？这是因为一旦选择错了，那么接下来无论做多少努力都是白费。没有正确的方向，本领再大，努力再多，也一样无济于事。所以在选择创业方向时，就要求创业者的方向要大，或者说有足够大的市场容积。倘若创业的前景过于狭窄，那么努力过后的成果也显然不会很可观，就比如说，一个年利润 10 万元的项目和一个年利润 1000 万元的项目，同时翻倍的话，也是后者更高一筹；相反，如果盘子够大，假以时日定能造出一个"巨无霸"来。

那么，在"退休"和执掌国家队帅印的两个选项面前，后者的空间之大无可厚非。

创业者在方向选择上还要考虑好未来的趋势，至少要有 5 年，甚至更长远的战略规划。创业者自己的人生观、世界观和价值观也要提早与行业和产业接轨，预想自己在不久的将来会身处于行业的哪一个位置。千万不要轻易去尝试进入超级红海的行业，那类行业的发展虽说已经很成熟了，而外界所看得到的也是近乎完美的成功案例，并不代表你的进入就会顺水而行，极有可能被拍死在沙滩上都没有个预知。别人做得很完善，你再插一杠子，结果很有可能就是死得很惨。

其次，做好了方向的选择，就要设定好一个可以实现的伟大目标。每一个创业者都要胸怀大志，所谓"不想当将军的士兵不是好士兵"，不想成就一番伟大事业的，只抱着小富而安心态的创业者，又怎么能创造出伟大的事业呢？梦想与希望从来都不用担心是否许得无限大，当然，也不能过于脱离实际了。在初创业的阶段，创业者的目标一定要清晰简单、一目了然，过于强调大系统、大生态、大整合，将会迷失创业者那份清晰的奋斗目标。

我还是想要举一下郎平的例子，她在接过女排国家队主教练的接力棒后，没有大刀阔斧地制订作战计划，也没有即刻调整队伍的结构，但她却很认真地将当时的女排国家队做了一个相对稳定又带有动态特质的战略规划——大国家队战略。

任何行业的初创企业，都要有一套完善的可执行方案，这个方案实际上就是如何达成既定目标的"秘籍"，而企业发展的每一个阶段都要在计划中体现出它的起止时间，哪怕是预想的，但只要不偏离实际过多，就有指向性的价值，如此这般，创业者最终的目标实现路径就清晰可见了。

再次，切入点不宜过大，要有一击必杀的准备。我们都知道，当目标企业的市场一旦顺利打开之后，接踵而来的任务和利润将以成正比的方式体现在企业的年度报表中。但如果开篇的第一件事就选择难做的大事，其成功的概率会大打折扣，反而会给接下来的事态带来负面影响。如果切入点较小，做起来顺风顺水还容易，那么"开门红"的头彩将是之后奋斗和努力的最佳"加速度"。

特别是在巨头不胜枚举的行业中，如果初创企业最开始就把目标放大，那么就等于给巨头们灭了自己的机会，生存也就变成天方夜谭了。

如何来定位这个切入点的大小呢？通常，创业者在创立企业的最初调研，都是基于刚性需求而勾勒蓝图的，这就必须弄明白一件事——企业发展的不同时期将会遇到的问题和解决那类问题的方法。其实，很多成功的企业回头望向自己的成长历程不难发现，企业会在每个发展时期遇到很多问题，有些问题是既定的、客观的，有些问题是独立的、个性化的。比如企业的初创时期，最大的问题可能包括人才、技术、风险控制等，当企业发展到一定的规模，再面对的问题就有可能是资金、运营模式等。

或许初创企业很难将所有问题都想得仔细和周全，但创业者至少要做到差异化，并将这样的差异化模式放在企业经营的首位。摒弃同质化，才能成为细分领域的先行者。一切以大方向为前提的差异化，都是创新的开始，也将为企业的发展指出一条明确的战略路线。

现金流作为企业生存和发展的"必需品"，绝对不容忽视。一般情况，初创企业随着诞生即刻灭亡的原因主要有二：一是主观放弃，二是资金枯竭。现金流是贯穿企业生命的一根血脉，是维系创业者与团队成员之间激情的纽带，是公司生存的必备"食粮"。

就像郎平执教恒大女排的后期，也就是许家印承诺郎平，其同意拿下女排国家队的帅印之后，依然会支付她两年的薪酬时，恒大集团对恒大女排的注资计划已经名存实亡。金钱并非万能，但缺之又是万万不能的。

所以说，每一个创业者都应该是一个优秀的财务管理者，资金的来源与流向就是最核心的管理内容。无论企业战略多么宏伟，都需要资金时刻维系着，当然这里所提到的资金不局限于创业者自己投资、合伙人合资，或是 PE、VC 的倾力打造。特别是，当企业初创的短期内，资金池的稳定性就是企业所有人的定心丸。管控现金流需要企业经营者特别用心，需要提高风险防范意识，通过全面的预算管理来加强资金的有序流动，更加关注公司现金流量表的编织与数据分析，建立科学完善的现金流量预警管控系统。

当然，管理企业的重要一点就是要求企业管理者要懂得适度放权。管理团队可不是一件轻松的事情，企业人才同样关乎着企业的生存与发展。

郎平在实施"女排大国家队战略"的最初时期，没有第一时间"大换血"，而是给女排国家队一个比较稳定、长远的血液补给。大家会看到，几乎每一年，女排国家队都会有新人加入，而且一个比一个新，一个比一个优秀。新人的优秀，对于老将来说，是一种比较直接的激励。而且，缓慢的植入避免了突如其来的打击情绪滋生。从心理层面上分析，是可以被接受和被理解的。

美国公认的商界英雄、福特公司的总裁李·艾科卡就曾说过："经营管理实际上就是调动人的积极性。"对创业者来说，管理创业要学会放权，而不要过度管理。企业管理者要相信员工，就像员工选择了你的企业奉献青春和热血一样，信任是连接企业上下的温馨纽带，是避免更多不协调因素发生发展的基础。领导者既不能不屑于员工的成绩和付出，同时更不能卑躬屈膝地大搞"奴役主义"。给予企业的每一个人创新发展的权限，企业者会获得事半功倍的效果。

　　当这一切都准备妥当了，创业者就可以抱着"置之死地而后生"的心态去做最坏的打算，向着最美好的方向努力。俗话说，天有不测风云，人有旦夕祸福。世间万物的复苏与灭亡并不是完全按照计划而来的，当突如其来的变故出现在我们面前时，有过早准备的创业者将更加游刃有余地处理和解决问题，不会在困难面前一蹶不振。创业既艰苦又有风险，意料之外的发生也是十之八九。所以创业者要怀抱着最大的希望以梦为马，不断地激励自我向着目标坚持，坚持，再坚持，甚至要有不达目标不罢休的决心。

心怀期待的旅途，比抵达更美好

人一生的时间，悠悠数万日，说短不短；也可弹指一挥间，说长不长。这辈子你最大的财富就是拥有了一个可以影响自己的生命，且仅有一次。

有限的生命里，我们喜欢去创造崭新的事物，改变生活的一点点，或来自成功的喜悦，或来自失败的沮丧，归根结底都是生活片段集合在一起的纪录片。

幸运的是，人们总会信心满满地背起行囊，不惜远赴他乡去追寻梦想。

雕刻时光连锁咖啡店的创业者庄崧冽，为了制作出一杯地道浓郁的咖啡，不远万里从北京远赴云南西双版纳，寻找最美的咖啡树，也是那个时候，庄崧冽第一次见到以种植咖啡为梦想的老张。有同样梦想的人，一起去完成一件事，就显得特别有意义。大家相信，心怀期待的追求，总会比抵达更有意义。

雕刻时光的第一家店，开在北大附近，被庄崧冽称为"北大小破店"。20世纪90年代是庄崧冽口中的"愚蠢年代"，也是雕刻时光的小众时期。那个时候，庄崧冽没见过风投公司，也没约过天使投资人，光顾小店的青年不是很多。即便如此，庄崧冽还是最富激情、最有干劲的一个创业者。但作为文艺青年，他也会心血来潮地在营业时间内关门，和聊得来的顾客一起去吃火锅。

对于一个咖啡店的老板，卖出去一杯咖啡就能赚回一些成本，如果成本低的话，还能赢得一些小利润；但对于庄崧冽而言，他却不同于一般的咖啡店老板，如果开咖啡店是为了完成梦想，顺便再赚些小钱，那么享受被雕刻的时光就是心怀期待的美好。

如今，雕刻时光的咖啡店，已经开在了中国大江南北的50多个城市，从大学毕业那年新疆之旅归来，庄崧冽和妻子那"过一种咖啡方式的生活"的梦想就开始生根发芽，现在，经过多轮融资，庄崧冽的身份再也不是单纯的咖啡店老板了。但他对曾经充满期待的旅途，对创业之初的美好，始终有一种情结，一种美好的情结。

或许，如庄崧冽般能将爱好做成事业，变梦想为现实的创业者并不多，但人生在世，生命却只有一次，选择丰满而激情地去创造，还是因为一时的失败而彻底放弃理想，相信两种选择一定会是两种截然不同的过程。坚持了未必一定成功，所以梦想的坚持与放弃，其结果可能都会是一无所有。但坚持了，至少你拥有了整个奋斗的过程，而这才是你努力奋斗的收获所在。

每一个奋斗的人，其实都在为目标而努力，所以他不可能只单纯地注重过程忽略结果，但我们必须承认的是，那些为了结果而努力，且同样看重过程的人，他的奋斗历程是最有意义的。

科学家爱迪生，他在发明电灯泡的研究过程中，因为一个难题而困扰了很久，甚至用了大量的时间去研究解决问题的办法。当时，爱迪生和他的助手，希望能够找出一种可以做灯丝的材料，使灯丝的使用寿命更长久、更安全、更有效。但他们经过了千余次的实验，才从包括竹棉、石墨、钽……中找到最合适的材料——钨。

有人问爱迪生，那么多的时间和精力浪费掉，会不会觉得不舍和不值？爱迪生却说，正是之前上千次的失败，才让他找到了最合适的材料，同时也证明钨最适合做灯丝。而且，失败的尝试另一方面也说明了，在未来的研究中完全可以规避它们，从而少走很多弯路。

注重过程的人，不能说他们就不关心结果，如果没有对结果锲而不舍的追求，又怎会遇见过程中一切的美好呢？

人在为目标选择奔赴的方向时，大概都不愿意面对满地的荆棘和障碍，可即使在当时选择的那条路上，看见的毕竟是短程的顺利。而最初走过满满荆棘路段的潜行者，等待他的，也正是荆棘过后的一帆风顺。这也就说明了，为什么先逆后顺的人，更容易获得成功。

伏尔泰曾说过："人生布满了荆棘，我所晓得的唯一办法，就是从那些荆棘上面迅速踏过。我们对于自己所遭遇的不幸想得越多，它们对我们的伤害就越大。"

能够流芳百世的，是那些改变过世界的人和事；能够被世界所记住的，也是那些百折不挠的坚持。因为磨难和挫折，才诞生了我们耳熟能详的励志经典、失败中崛起的英雄、缔造传奇的企业家……这样不屈服于困难的人，也验证了一句古话——"天将降大任于斯人也，必先苦其心志，劳其筋骨，饿其体肤，空乏其身，行拂乱其所为，所以动心忍性，曾益其所不能。"

磨难是一所可以改变命运的学校，不经一番寒彻骨，就不会感受得到梅花的清香，你所遇到的挫折，所遭受的失败，都是打向坯料的锥，打掉脆弱的铁屑，铸成锋利的钢刀。挫折不等同于失败，它是让你变得更加坚强的"先锋官"，让你有能力在未来的道路上，学会避开危机，善于把握和创造机遇。

所以有人认为，挫折就像弹簧，你强它就弱，你弱它就强。

有甲、乙两个青年，相伴一起穿越沙漠。炎热的沙漠让他们喘不过气来，火辣辣的太阳又晒得他们即将中暑。甲体力不支地倒下了，而实际上，乙也已经严重透支，但为了不打击甲走下去的信心，一直伪装着坚强和若无其事。看到甲倒下的第一时间，乙迅速扶起甲，将他靠在沙丘的背面，或许这样心灵上会有一抹淡淡的凉爽吧。

为了挽救甲的生命，乙一个人去寻找水源。等待的时间总是给人漫长的焦灼，特别是在煎熬的状态下，甲再也承受不住了。他举起手枪，对准自己的太阳穴，绝望地按下了他们彼此留给对方的信号。当乙提着一桶清澈的水赶回来的时候，看到的，却是甲尚有余温的躯体。

这就是最现实的人生，如果不再坚持一下，你就永远看不到困难之后的希望。让人颓废的，永远都不是前途的迷茫，而是你早已丧失的信心和希望；最让人痛苦的，也远不是生活的不幸，而是没有一刻等待下去的决心。

行走在梦想的道路上，我们背负的东西会越来越多，脚下的步子也会越来越慢，很快可能就忘记了最初的坚持。毕淑敏曾说过："优等的心，不必华丽，但必须坚固。因为人生有太多压榨和当头一击，会与独行的心灵在暗夜狭路相逢。如果没有精心的特别设计，简陋的心很易横遭伤害，一蹶不振，也许从此破罐子破摔，再无生机。没有自我康复本领的心灵，是不设防的大门。一汪小伤，便漏尽全身膏血。一星火药，便可烧毁绵延的城堡。"

心态积极的人，才是成大事者，即使在毫无希望的时候，依然能够看得到成功的那道曙光。所以漫漫人生路，请带上满怀的期待，坚定你的意志，向远方启航。

把简单的事做好就是不简单

对于成功，我们常说，能够比对手多坚持一分钟的便是赢家；对于失败，我们又会说，坚持最初的那份信念，即使结果并不完美，但过程中的美好才是最应该被认可的收获。思想总会被视为行动的始作俑者，让言论和行为，为思想的不成熟支付高昂的代价。

关于过程和结果到底哪个更重要，这件事本身就是一个伪命题，就像矛与盾，谁更厉害一样。社会的进步中，往往很难记得住每一次成长的过程，终究记录在案的是那些或成功，或失败的结果。所以无论过程多么完美，一旦出现一点点的错误，都会导致最终结果的失败。

2000 年 7 月 25 日，法国巴黎夏尔·戴高乐国际机场，一架属于德国彼得·戴尔曼邮轮公司的旅游包机协和飞机，即将飞往美国纽约肯尼迪国际机场，然而在起飞时，该机左侧引擎着火，在起飞后不久便坠毁于巴黎市郊的戈内斯。这次空难造成机上 100 名乘客和 9 名机组人员全部罹难，并造成地面的 4 人死亡及 1 人受伤。事件发生之后，我们不禁反思，为什么飞机会起火，又为什么在发现危险的第一时间没有终止飞行，反而给坠机做了足够下降的高度？

后经调查得知，当时这架注册编号为 F-BTSC 的协和飞机进入跑道之前的 5 分钟，另一架编号为 N13067 的美国大陆航空的麦道 DC-10 客机刚刚从这里起飞，但 N13067 在起飞时，不慎掉落了一个金属紧固件在跑道上，而在协和飞机进入跑道之前的这段时间，遗落的金属紧固件并未得到及时的清理。当协和飞机滑行在跑道上准备起飞的过程中，飞机的机轮碾过这个罪恶的金属紧固件，导致轮胎爆裂。更加可怕的是，一块由于碾压而破碎的轮胎碎片，不慎切断了起落架的电缆线，还有一块轮胎碎片又破坏了左翼上方一个油箱的密封口，导致燃油外泄，最终引起了飞机起火。

然而此时的飞机仍然在跑道上滑行，此情此景被塔台上的指挥人员看得一清二楚，他第一时间将这个可怕的消息反馈给协和客机的机长，但机长未能及时做出判断，在他犹豫的瞬间，飞机已经滑行到了 V1 速度，在完全超过折返速度的情况下，协和客机只有起飞这一项选择。协和客机的机长本打算在飞机飞到五公里之外的巴黎－勒布尔热机场时实行迫降的，但由于这架飞机的二号发动机已经关闭，一号发动机又着火，导致机翼严重烧毁并彻底熔化，根本不可能实现攀升和加速，最终在机场一公里之外失速坠毁，此时，飞机距离起飞刚刚过去 1 分零 10 秒。

这样重大的事故，都是由一连串小错误接踵而至造成的。一分多钟的直面死亡，一百多条健康的生命，就这样葬送在一个个的小错误中。

或许每一个小错误被单拿出来分析，其杀伤力都没有这么巨大。但错就错在，每一个小错误发生之后都未能得到及时的纠正，而错误的链条又在毫无控制的情况下串联起来，可怕的是这个"串联"还准确地触碰到了死亡顺序。倘若其中的"小错误们"不是以此秩序发生的，事故也不会这般重大。

当所有的生机都在不经意间从指缝间溜走时，企图扭转败局的人们，再想把主动权重新抓回手中也是回天无力了。人非圣贤，孰能无过。或许我们不可能完全避免错误的偶然存在，但是我们绝对有能力及时将"偶然"扼杀在摇篮里，绝不给"偶然"任何变成"必然"的机会。采取有效措施，切断错误链上可能存在的每一个连接点，必将可以有效地避免危难的发生。

有太多的人，不屑于身边的小人物，总是高傲地认为自己有多么优秀，应该与更成功的人士为伍；他们不愿注重生活中的小细节，却又过分自信于"天生我材必有用，千金散尽还复来"。属于我们的日子，都是由细小的事情——修葺得来。那些散落在我们周边的生活，和每一个角落里的细节，才是真正决定生命成与败的关键。

不积跬步，无以至千里；不积小流，无以成江海。所有的高山峻岭都是由无数个细小沙尘堆积而成的；再浩瀚的江海，也是一滴水一滴水涌入成流。做好一件卑微的小事，后面成功的大事也就顺理成章了。但往往那些看上去微不足道的小细节，做好了是好事，做不好就是灾难。

　　张瑞敏曾说过："把简单的事做好就是不简单。"伟大来自平凡，简单的积累终会变成强大的动力。所以别因为"对"小而不为，更不要因为"错"小而为之。

内心和谐最幸福

有一次在高校听讲座，讲师是一位德高望重的大学教授，还有一位讲师是某企业的高管。他们交叉着，将演讲做得像大片，一个大片段接一个大片段，并且逻辑感特强。

其中，企业高管讲到了一个细节，他在做部门经理的时候，他所负责的部门是一个系统性的大部门，下设多个小部门。每一个小部门之间的工作衔接十分密集，这就决定了每个部门的关系，至少在工作的层面上要过得去才行。可当时，他手下的两个小部门的主管闹得不可开交，关系十分僵硬。

虽然是两个小部门，但人数也不少，每个小部门干活的都有十几个职员，但他们的领导关系不融洽，两个部门的工作对接起来就出现了很大的问题。时常因为网络部的工作不利，导致了咨询部绩效考核不过关；又因为咨询部直接转化资源受限，而同时也缩小了网络部的成长空间。

为我们做讲座的这位企业高管，作为两个小主管的直属领导，不知道为了他们的和谐，徒增了多少白发。但问题难就难在不是你操了心，它就得到了好的解决。最后，这个领导不得不将 A 部门的小主管劝退。

其实，人与人的相处很简单，但很多人都过于看重个人的蝇头小利，一方面担心人家的好与自己的不用心形成鲜明对比；另一方面又担心，人家要是做得不够好，反而还会影响到集体的大利益。很多关系，其实并不是表面上过得去，就真的过得去了。如果彼此心不和谐，那么小问题，都会激发出大的矛盾，而且一发不可收拾。

和谐，是万事标的，亦是圆满中岛的终极目标。

季羡林先生曾经对温家宝总理说："我们讲和谐，不仅要人与人和谐，人与自然和谐，还要人内心和谐。"

对此，温家宝总理也如是回答说："《管子·兵法》上说：'和合故能谐。'就是说，有了和睦、团结，行动就能协调，进而就能达到步调一致。协调和一致都实现了，便无往而不胜。人内心和谐，就是主观与客观、个人与集体、个人与社会、个人与国家都要和谐。个人要能够正确对待困难、挫折、荣誉。"

如此，内心的和谐，便是万事和谐的基础、前提。

北大流传着这样一段佳话：新生开学季，一个外地新生拎着大包小包前来报到，当他看到一个老人走过来时，便上前拜托他帮忙照看行李，老人欣然允诺。一个小时后，他办完了入学手续回来，老人依旧站在那里，神色坦然，没有半分不耐烦。只是，几天后，在开学典礼上，新生惊讶地发现，那天帮他看包的老人，正是主席台上就座的副校长季羡林先生！

你能想象，一位名扬中外的学术大师为素不相识的学子看包的场面吗？你能想象，足足一个小时后，这位北大的副校长依旧没有半分不耐烦的"欣然"画面吗？至少我想象不到，因为那画面太美，我不敢看。季先生的内心该是怎样的和谐呢？他不因年高而欺少，不因名高而傲物，不因位高而凌弱，他待人平等，作风平易，或许只因他内心和谐，博大的心胸装满了美好的真挚与深情。

所以我们始终相信，唯有内心真正和谐，心才会静，情才会切，相知才会怦然心动。

很久以前有一位国王，整个天下都在他的掌控之下，可他却总是觉得，仿佛生命之中缺少了什么更有意义的事情。这一天，国王与大臣们商讨事宜结束后，一个人在后花园随便地转悠着。远处飘来一股浓郁的菜香味儿，顺着菜香，国王走到了厨房边，看见一个普通的大厨，一边哼着小曲，一边熟练地操作着灶台上的食料。虽然只是一个背影，但国王还是感受到了厨师脸上扬起的笑容。

国王不理解，一个小小的厨师，没有令人羡慕的地位，没有富可敌国的财富，是什么样的拥有，让他如此幸福和快乐？于是，国王将自己的疑惑告诉了厨师，厨师很认真地与国王分享了自己的感悟。

厨师说："我没有金银财宝，在国家中所处的地位也十分低下，尽管我只是一个厨子，只会做饭这一门手艺，但是我一直都是尽职尽责地做着自己的工作，还能够帮助身边的亲人、朋友做一些力所能及的事情，收入虽然不多，却能让我的妻儿满足和快乐，这便是我的幸福。"

其实，生活中的我们，需要的物质并不一定要多么奢华，手里的财富也不一定要富可敌国。世界上的"首屈一指"只有一个，遥不可及的梦想从来都不应该出现在现实的生活中。所谓的理想，不正是激励我们勇往直前的方向吗？如果非要将这个方向加以雕刻，花枝招展的背后，你又能够看得清什么？

听了厨师的一席话，国王深刻领会到，一个人的幸福和快乐原来是这么简单。简单到，只要家庭和睦，社会和谐，工作合拍，就足够了。

其实，国王什么也不缺，唯独缺少了和谐的内心。

内心和谐是一种素质，让人认知健全，明白事理，让人知荣明辱，不欺人亦不自欺；内心和谐是一种能力，让人守正心灵，控制情绪，让人心无旁骛，追求卓越；内心和谐是一种境界，让人勇于争先，不计名利，让人品格高洁，又不孤芳自赏；内心和谐是一种力量，让人始终保持着精气神，难不倒、夸不倒、诱不倒，让人敢于不断挑战自我、超越自我。

认真想想，有时候我们追逐的，往往都是过眼云烟，而失去的恰恰是人间至宝。未知的旅程总是充斥着这样或那样的诱惑，太多的人因为一些世俗称道的东西，失去人生中最可贵、最迷人的淡泊与宁静。内心和谐是金，只有心灵纯净美好的人，才会以诚相待，一片赤诚。

从不满足于当下，并坚持付出行动

人们在子女的教育问题上，习惯上说"穷养儿，富养女"。现实生活中，劳苦大众想富养儿子，恐怕也是不好实现的；反之，那些含着金钥匙出生的"小公主"，想体会贫穷的生活，自然也是不现实的。

喝着娃哈哈新出的口味儿，我想到了宗馥莉，还有她说的那句"我从来都不是个富孩子"。我很喜欢这样有个性的富二代，也绝不会嫌弃他们血液里流淌着的傲骨情怀。

记得网络上流传一段这样的话：

"当我们出生的时候，新中国还没有个样儿；当我们长身体的时候，饿得'三根筋挑着一个头'；当我们需要上幼儿园的时候，只能跟着父母到田头；当我们长身体的时候，碰上了'三年困难时期'；当我们上小学的时候，小学生都是大知识分子；当我们上中学的时候，赶上了大串联；当我们正上学的时候，碰上了'文化大

171

革命'；当我们该工作的时候，碰上了上山下乡；当我们谈恋爱的时候，还只能靠介绍；当我们结婚的时候，只能两张床一并靠；当我们工作得正起劲的时候，碰上了下岗；当我们老了想享享福的时候，碰上了啃老的80后！"这段话中，包含了那一代人的无奈。

宗庆后是在37岁那年才生下了唯一掌上明珠宗馥莉的，可以说，这个含着金钥匙出生的80后女孩，从呱呱坠地的那一刻起，就拥有了父亲所创下的所有财富。70岁的宗庆后是中国首富之一，他的独生女俨然是中国"富二代"中较为夺人眼球的公众人物，可是，我们这位"娃哈哈钦定掌门人"却十分低调，她鲜少在大众媒体前袒露自己的心声，甚至有记者精心准备暴露其"富二代"的蛛丝马迹，可宗馥莉没有给任何媒体机会，她的那句"我从来都不是个富孩子"得让那些挖其"啃老"元素的狗仔大跌眼镜了。

含着金钥匙出生，却低调得让人"着急"的宗馥莉从记事的时候起就清楚地知道，父母在经营着自己的公司，他们都很忙，忙得不能像其他小朋友的家长一样，节假日带着自己去游乐场，甚至上学的路上也只能自行或者与同学结伴而行，就连放了学之后的晚餐问题，小馥莉也只能跑去食堂自己想办法解决。

听着这些过往，我很难想象一个"帝国公主"却过着"灰姑娘"一般的生活。对此，在多年之后的一次采访对话中，宗庆后坦诚地表示，女儿只比娃哈哈小了五岁，可以说她们是同时期来到宗庆后身边的宝贝儿，娃哈哈是，女儿宗馥莉更是！

宗庆后当时的身份标签就是"中年创业的新生代企业家"和"中

年得女的喜悦父亲"。任何人的身份多了，兼顾起来自然会有所疏忽，在女儿的成长中，缺少了父亲的臂膀，这是宗庆后至今回忆起来都深感愧疚的事情。可我们又不得不说，正是这段宗庆后让女儿独自成长的学生时代，才塑造出了我们今天看到的不一样的80后"富二代"，也正是宗庆后的"愧疚"给娃哈哈找到了最好的接班人。

别看宗馥莉年纪轻轻的，她骨子里流淌着的宗氏血液铿锵地警示她——再雄厚的家底儿也富不过三！然而，青春并不是财富和权力的象征，它属于每一个人生中最华彩的那一段。美丽的衣衫、臃肿的钱包，甚至一张没有额度的无限透支卡都无法购买到奢侈的青春年华。

宗馥莉是我们见过的最没有架子的公主，她知道耀武扬威的气势或许可以给她年轻的生命带来与众不同的活力，然而，宝贵的宽容和强大的博爱同样会给青春覆一层坚实的尊重。宗馥莉在生命历程中，似乎还没有感受到生活带给她的苛责和冷眼，即便父母因忙碌无暇顾及女儿的成长，但我们这位励志公主的整个童年还是充满无限的欢乐的。

她是一位有着宽厚仁和的凡间仙女，从年轻的眸子中透出来孜孜不倦的求索精神，渲染了整个世界的浮华和焦躁。励志的故事我们见得很多，然而却没有一个像宗馥莉这般，活生生印刻在80后的人生观上。即便再贫穷的人生、再卑微的履历，都会在奋斗的历程中展现出别样的轻松和活泼，即使输了全世界，最差的结果就是回到昨天，更何况我们的小馥莉还是一位货真价实的"富二代"，娃哈哈帝国钦定掌门人，她的魄力和她的人生一样精彩。

宗馥莉从出生的那一刻起就披上了"宗庆后女儿"这件外衣，无论在机遇面前，还是在挑战的起跑线上，她都不会刻意回避自己的"宗庆后女儿"的身份，即便多年之后，她以"实习生"的身份迈进娃哈哈的大门，以及以"钦定掌门人"的头衔开始大量涉足娃哈哈业务和决策的时候，她并不会因为自己的身份而变得霸道，相反，她会用自己的独立判断和敏锐洞悉的价值观影响身边的每一个人，包括宗庆后。

在一次接受采访的过程中，对于"财富"一词，宗馥莉这样回答："真正的富有，并不是看你有多少房产，也不是看你有多少辆豪车，而是看你内在的胸怀是否足够广博、看你的大脑究竟有多少智慧的东西。看你究竟可以给这个世界带来什么样的与众不同。"

简简单单的回答，甚至没有一个多余的词汇，很少在公众面前展现自己的宗馥莉，呈现在大家面前的如同"传说"中介绍的那般独立、自信、果敢、勤奋、自勉……而这些赋予着浓浓"洋味儿"的个性正是源自多年以来异国求学的经历。

我见过很多富二代或者星二代，他们习惯了啃老，借助父辈的财富大肆挥霍美好的青春，拿着一本自认为没有额度限制的"透支存折"无限地为叛逆埋单。可他们却忽略了"存折"上面清晰地记录着他们灯红酒绿的一点一滴。不是有那么一句话嘛，出来混总是要还的，所以戒毒所、少管所、监狱等高墙铁壁成了这类富二代、星二代经常光顾的地方。

宗馥莉算得上是励志"富二代"中最励志的一个了，其实，宗庆后所拥有的财富并不是与生俱来的，而是经过多年奋斗打拼下来的江山。在宗馥莉童年的记忆里，都是自己背着书包上学、往返与办公室和宿舍。娃哈哈是跟着宗馥莉一起长大的孩子，它甚至比宗馥莉获得了更多来自宗庆后夫妇的父母之爱，但宗馥莉并没有叛逆地去洗刷"富二代"的标签，她是亲眼见证了父亲如何打下这般财富的根基，这种从父亲血脉中流传下来的励志精神，俨然已经成了宗馥莉的众多品行中最坚定的一个。

　　拥有，就要更好地创造，而不是陪着财富一起埋葬了青春；拼搏，就要竭尽全力去改变，而不是走着走着就迷失了方向。当各大财富榜单上，赫然写着"宗馥莉"三个大字的时候，没有人觉着这份尊荣是传承父亲的富有，因为大家都知道，这份传承中还有一个不可或缺的因素——宗馥莉比父亲更强大。

改变自己，从最初的一点点开始

　　人生是一条无法预知的曲线，有贪、嗔、痴三毒虎视眈眈，也有不怀好意的陷阱让你万劫不复。行在如此危机四伏的路上，你要如何崛起，走好人生的每一步？生在这忙碌的世间，我们不停奔波着，为了升职加薪、为了车贷房贷、为了养家糊口，其实说到底，不过为了更好一些的生活。

　　前几天高中同学聚会，听说我们当年的班主任现在是学校的校长了，一些同学总结性地认为，老师之所以能够当上校长，主要是因为与原来的校长之间关系密切、融洽，密切到像影子一样相伴左右；融洽到每一次和校长玩麻将，老师总会一不小心给校长点炮。

　　可是他在我眼里却不是这个样子。

　　老师大学毕业之后的第一个工作就是在这所学校任教，他是一个农村走出来的孩子，没有背景，没有家底，没有资源和人脉可以为人生添彩，他有的只是自己年轻的生命，和对未来永不泯灭的热情。为了能够在实习后顺利留在学校，老师比所有的实习生都努力备课、认真教学。他常常因一个问题搞不明白，就连续几个通宵达旦，为的是做学生心目中更有价值的班主任。

后来，学校为老师分了一间小房子，就在学校附近的那排平房中。再后来，老师在那个小房间里结了婚、当了爸，为人夫、为人父、为人师的使命感越来越强烈。可是这个时候，学校却进行了一次教育体制改革，一些关系不在体制内的老师，可能要面临着新一轮的大洗牌。那个时候，老师的儿子已经上了高一，是人生中最重要、最需要全力以赴的三年之初。

但为了全新的开始，老师不得不放下作为父亲的不舍，因为他知道，未来的儿子，一定会为今天父亲的决定点赞。就这样，老师来到了四川的一个山区小学，当了一名教育志愿者，一支教就是三年。

回来的时候，又赶上学校的教学体制改革，不管是体制内的，还是体制外的，都享有一视同仁的待遇。在这次公平的竞选中，老师顺利地应聘为校长。儿子不是学霸却胜似学霸，考上北京大学，他以有一位这样的老爸而自豪。

如果不是对梦想一直以来有着铁打不动的执着，如果不是坚信付出就会有所收获，如果不是在时局动荡的时期能屈能伸，如果不是在环境使然的当下全力以赴，或许老师在当年为一名实习教师的时候，结局就注定了平凡。

但是我的老师注定不是被环境重塑之人，也许他不能改变环境，但他却可以改变自己。将自己雕刻成环境可以接受的模样，成为一个存在感和价值感对他人同样重要的人。

其实，人是一种特别有韧性的高级动物，可以承受失败、忍受误解、原谅错误、关心他人。

初心，从来都在那里，你记不起来，它就静止不动，你若有所回忆，它便开始蠢蠢欲动了。平生云水心，往往都散尽在明月清风里；缺憾之美，字里行间逸散着清远的缥缈，就像白居易《花非花》中所描绘的那般："花非花，雾非雾，夜半来，天明去。来如春梦几多时，去似朝云无觅处。"

生命里有许多东西，常常都是会半途而废的。好东西的半途而废，是施舍于他人的善意；坏东西的半途而废，是智慧的迷途而返。

如果一切都未曾改变过，你还是你，我也还是我，斑驳的记忆中，一道道岁月的残阳，终究拂不去尘世风霜。

白落梅在《因为懂得所以慈悲：张爱玲的倾城往事》一书中，这样描述张爱玲："在这个光怪陆离的人间，没有谁可以将日子过得行云流水。但我始终相信，走过平湖烟雨，岁月山河，那些历尽劫数、尝遍百味的人，会更加生动而干净。时间永远是旁观者，所有的过程和结果都需要我们自己承担。"

好的，或不好的，如果你不尝试改变，你的好就不会更好，但你的不好却是会更加的糟糕。

初中的时候，我有一个特别好的朋友凯，是一个女孩，长得清秀白净，像邻家小妹。年轻的心，特别容易因为有一样的梦想而碰撞在一起。很快，我们成了无话不谈的朋友，一起努力学习，一起参加学校的各种活动。十三四岁的年纪，即使不怎么雕饰，青春的美就在那里傲然地绽放。

一次学校组织学生干部和团员参加春游活动，活动中有一个游戏环节是"找宝"。工作人员事先将"宝"写在纸条上，然后藏在山坡的各种隐秘的地方。我们这群山野里的小精灵，就开始肆无忌惮地嬉戏游玩。"找宝"是我的强项，不一会儿的工夫，我就找到了几个大宝藏。

拿到奖品之后，我就放在自己和凯的位置中间，然后积极地去参加别的活动。凯却突然说，大姨妈来光顾，她想坐下来休息一会儿。可当我再次回来的时候，我所有的奖品都不见了，要知道，当时已经可以装满一个大大的书包的奖品，一下子不翼而飞，是怎样地让人错愕。跟着奖品一起失踪的还有凯。老师后来告诉我，凯自称身体不舒服，提前回家休息了。

第二天上课，凯神气活现地出现在我面前，一点儿也看不出昨天的不辞而别是因遭受了那样的不堪忍受的痛。我问凯，有没有看到我的奖品，凯说，她走的时候还在原地。我有些小失落，毕竟辛辛苦苦争取到的小礼物，就这样不知所终，不过，那种失落感很快就烟消云散了。

暑假的一天，我去找凯一起玩，她爸爸说凯去了奶奶家，一会儿就回来，让我自己进房间等一会儿就好。于是，我就进到房间。突然，我眼前出现了前不久都是我的全部"宝藏"……我无法形容当时自己错乱的心情，更不知道该如何去面对朋友，还有我们那样羡煞旁人的友谊。

在凯回来之前，我已经离开了她的家，从此再也没有去过。但我们的友谊还继续着，我总是愿意相信，凯的错，是一时的，作为朋友，我应该去原谅她，给她重新改过的机会。

可能是心里有了芥蒂，很多敏感的事物，我都睁一只眼闭一只眼过去了，但我认为的凯应该去改变的错误行为，却在她一意孤行之下愈演愈烈。高中的时候，凯寝室里一个家里特别贫穷的女孩，家里好不容易给她凑出一个学期的学费和生活费，两千多元钱，就那么凭空消失了，而当时，宿舍里面只有凯在。她那单纯的表情，骗过了所有人。

高二的时候，凯能够偷窃到的现金越来越少，因为家长们都开始给孩子办理银行卡，阶段性地给孩子打生活费，一方面避免了有上顿没下顿的狼狈，一方面又遏制了胡乱消费的恶习。凯开始寻找新的偷窃目标，她将目标转移到同学漂亮的衣服上。于是，宿舍的大门口，总会张贴出"失物寻找，必有重谢"的小告示。

一天，我从外面回来，看见宿舍大门口围观了好多人，有男生也有女生。走近一看，原来是一个女孩扯着凯的头发，让她脱下身上那条自己穿了两年的牛仔裤。女孩特别气愤地怒吼："你们说说凯，她偷东西就偷呗，明明知道是我的裤子，还故意穿着在我面前招摇，然后大言不惭地说，那是她的裤子。这条裤子是我穿了两年的，每一个磨坏的洞，我都能给你们讲出它是如何诞生的……"

我不知道那件事情最后是怎么结束的，因为我见不得那么尴尬的场面，我怕透过凯祈求的眼神，迷离了我坚定的信念，所以我先行离开那个是非之地。后来我再也没有见过凯，听说她转学了，可我知道，她家没有钱给她交转学的费用，她的学习成绩也没有学校愿意接收。

很多年后，我们都到了有自己的家庭的年龄时，凯从别的同学那里要到了我的联系方式，主动联系上我之后，开始了长久的往事回忆。回忆中净是她多么风光的事情，全然不说自己做错的那么多事，仿佛选择性失忆一样。可她在我友谊上的践踏行径，在我的脑海中回忆起来确实历历在目。时间流逝了青春，改变了我们，我再也不是当初那个傻傻的，为了友谊愿意包容一切的单纯学生了。从凯第一次偷我东西的时候，就注定了我们这一生，不会再有交集。

不是我不懂得宽容，我是给过她很多次机会的，可在错误面前、在利诱面前，她却不舍得改变自己。那样，只会让错误越来越大，大到她无力挽回。

可以自信，但不要自负

　　思茜给之前合作过的东家发信息问："我写的书稿已经在出版的路上吗？或者说，现在进行到一个什么阶段了呢？"东家过了很长时间之后才给她回复，而且还是思茜根本接不住的一个问题——"你的稿酬我不是都给你结清了吗？"

　　对话就这样不了了之，思茜只是想知道她的书稿何时出版，仅此而已，但被对方这么一问，是解释，还是继续接着话题说？怎么说都好像与钱有关。可思茜一直认为，跟钱有关的事儿，那都不是事儿！几本书稿，就算这次没有出版，以后还有别的书稿可以出版；一个人若自以为是，恐怕这辈子就折在自负的缺憾上。

　　四号楼的孙太，年轻时候的视力很标准，但老了之后，近视力很差，远视力特别好。对面八号楼的张太家阳台上晾晒的衣服，有个脏点，她都看得特别清楚。有那么几天，孙太连续看到张太晾晒的衣服总是有很多脏点。孙太心想，那个姓张的老太太，估计是老眼昏花，看不到脏东西了。

有一天，女儿和女婿带着小外孙回家，孙太就和女儿抱怨说，自己的眼睛看远处特别清楚，好像眼睛里莫名其妙多了一副望远镜一样，看得远和看得清，原来也有这么多麻烦。女儿有些不理解母亲的话，孙太就将张太洗衣服洗不干净，还总是晾晒在阳台上，她每天看着对面有污点的衣服，心里特别不舒服。

女儿去卫生间拿来抹布，将客厅的窗户擦拭干净，这回孙太看对面的衣服也干净了。原来，孙太看到的污点，不是张太的衣服没有洗干净，而是自家的玻璃上有污点所致。孙太本该就此反省的，可被女儿擦拭掉的污点，好像长在了她的心里一样，之后的每一次，她再看远处的事物，依然还是有污点密布。

张太了解了事情的始末之后，主动找到孙太，语重心长地和她说："每个人的心中都有一架天平，喜欢的偏重一些，不喜欢的就会轻一些。这架天平上，无论砝码的位置是不是在中心，人的心一旦有了主观上的权衡，他的世界就不会再有公平了。"

张太的一席话，孙太没有听懂，因为她从来都不曾反思过自己做的任何事情，对的，或是错的。其实，我也觉得张太的话太深奥，我的理解很简单：人，总要学会自我反省，想要拥有底气的倔强，就应该将内心的自负藏得再深一些。被设定了阶段的时间，你睁着眼看，还是闭着眼思，它都在一秒一秒地走过。自信让我们强大，但自负却也让我们变得不再坚强，没有办法隔绝高压，也就没有底气言说梦想，扼杀生命的，从来都只有你最熟悉的自己。除非，你在无力改变世界的时候，学会改变自己。

北方的深秋，大雁会排成整齐的队伍，一路南飞。一只乌鸦见到这个景象，突然也萌生出飞出去看看的想法。于是，它告别了住在隔壁树梢上的麻雀，告别了自家窝底下的毛毛虫，意气风发地跟着大雁往南飞去。

飞着飞着，一只信鸽迎面而来，鸽子不解地问乌鸦："大雁的南飞是因为受不了北方寒冷的冬季，待春暖花开就又飞回来了。你这路途遥远的，为何不辞辛苦也要飞去南方？"乌鸦好像发现了新大陆一样，激动地告诉鸽子，它要找一个陌生的环境，重新开始生活。

原来，乌鸦的叫声比较难听，生活在它周围的人类、飞禽、走兽，甚至花花草草都不喜欢它，所以它才想着换一个新的环境重新来过。可是，乌鸦却忘记了，大家不喜欢的是它的叫声，即便换了地方并不会改变它的叫声。乌鸦想要改变大家讨厌它的事实，就要改变自身的叫声，而不是逃避和妄想。

每一双长在我们面前的眼睛，看到的从来都不是自己，而是外面大千世界的芸芸众生。透过眼睛走进内心的事物，往往在经过心口的时候，已经不可避免地接受了一次"搜身"。心会将自己认为不适合存在这里的事物摒弃掉，然后让感觉上舒服的事物继续走进身体，接着发生物理或化学的反应，形成被主观过了的思想，再从一个人的认知转向下一个人的认知。

有人说这是洗脑，可我认为，这是潜意识里的取舍，是缺乏客观依据的幻想。

世界再大，也只有一个；人的思想再微小，也是"一千个人心中有一千个哈姆雷特"。很多你认为对的事情，在别人的眼里却是错的；你认为不好的因素，却也成了别人攀登高峰的阶梯。

　　迷茫时，不要轻易去做筛选，更不要随意下判断。心灵只有在安静的状态下才相对客观，也能更加看得清事情的真相。局限发展空间的不是条条框框的约束，而是你自己不够理性的责任，阻碍了进步，拖延了成功。

认清现实，看清自己

　　这个世界上，有太多的人倾其所有，只为梦想能够照进现实；也有太多的人，在追逐梦想的路上，丢兵弃甲，一败涂地；还有一些人，所向披靡地追逐上了梦想，却发现梦想变成了现实之后，远没有期待的那般美好。

　　不染纤尘的星空，挂满了被放飞的梦想；阳光的斜上枝头，不知会爆破多少嫩叶上的清露。可这就是现实，已知的过往，和正在经历的当下。

　　有人说："如果嵇康与阮籍各向中间迈出一步，将现实与梦想稍加中和，也许就不会落得生者隐入迷幻，死者融入苍穹，只留给后人无尽的怅惘。"古往今来，人类用世世代代的现实编织梦想与希冀。多少次遥望苍穹，多少次温柔呢喃，虔诚祈祷，梦想依旧真实而遥远，那是心中不灭的追求，是浮于现实外，幻想中的繁华。

　　上野从舞蹈学院毕业那年正好 20 岁，带着一双盛满了梦想的舞蹈鞋来到北京，想象着在这里实现儿时就开始追求的梦想。然而现实远没有期望的那般令人欣喜，上野的北漂生涯越走越悲凉。被合租的女孩偷走所有的现金，与公司签好的合约莫名添加了霸王条款，说好一场一结的演出费被夜店克扣掉 40%……上野不知道是自己太软弱，还是外面的世界太黑暗，她想离开却又不舍得含苞未开花就凋零的梦想。

另一个从云南大理来到北京打工的女孩小薇，遇见了失落的上野。或许是年龄相仿，她们彼此没有心存过多的芥蒂，一同坐在餐厅外面的马路边，看着车水马龙的街道，小薇和上野聊起了自己。

我出生在云南的一个小村子，那里几代人都以务农为生，家里在我出生的时候已经有五个孩子了，但因为一直想要一个男孩，而有了我的大姐、二姐、三姐、四姐、五姐，之后又有了七妹和八妹。母亲身体不好，常年为了照顾家里的孩子们，起早贪黑地辛苦劳作，积劳成疾。如果身体健康和国家政策允许的话，母亲可能真的会为我们生个弟弟出来，但母亲没有，她没有生出弟弟，连我们她也舍得全部丢下，一个人去了天的那一边。

二姐留在家里照顾爷爷奶奶和年龄尚小的七妹、八妹，大姐带着我们几个出来打工赚钱养家。来到北京之前，我从来不知道，人，原来是可以有梦想、有追求的。我看见操着各种口音的农民工，坐在满是钢筋、混凝土的地面上就着咸菜啃馒头；看见和我一样没有读过书的女孩子，白天在餐馆端盘子，晚上在广场上兜售小饰品，夜深之后再去酒吧打扫卫生；后来我看见了你，穿着美丽的舞蹈鞋，在舞台上翩翩起舞，虽然你站在最后一排，可我的眼里却只看到了你的光彩，你洋溢在脸上的笑，有梦想的味道，让我愿意去相信，我也可以有梦想，梦想也可以成为现实的。

小薇的故事，简短而又明亮，让上野不禁感叹，这么美丽的女孩，居然将梦想视为最大的财富。而她呢，她的舞蹈梦，却在自己为了苟且生活的卑微里，渐渐消失了原有的光泽。

梦想有梦想的光泽，现实有现实的分寸。在这个有太多人埋怨上苍不公的时代，上野目睹了赤裸裸的剥削和惨痛代价换回的现实。

记忆中的家乡人美、景美、生活美。北京再大，也大不过自己心中的舞台；北京再好，也好不过家乡的风土人情。所谓梦想，不是应该在最美好的地方盛开芬芳吗？

想到这里，上野收拾好简单的行囊，带上那双最爱的舞蹈鞋，踏上了回家的高铁。站台上，上野看到了那个使劲向自己挥手的小薇。也许，她们今生没有机会再见，但她永远不会忘记，在自己最无助的时候，一个一无所有的女孩与她一起分享过，她和她们的梦想。

纵然对现实失望，也不能绝望，因为你不知道，未来的模样。有人说，梦想是现实的延伸，只有接受现实，才能拥抱梦想。

上野回到家乡后，在亲人的大力支持下，找了一个靠近学校的二层小楼，创办了一所舞蹈学校。有人的梦想是希望自己变得强大，但有人的梦想却是让梦想变得强大。所以，你爱的事业不一定要你一个人去完成，大千世界，和你一样有梦想、有追求的大有人在。甚至还有不会写"梦想"二字的小孩子，他们心中的舞台一样可以撑起你湛蓝的天、辽阔的海。金字塔顶尖儿的人屈指可数，就连能够爬上金字塔上面的动物也只有两种，雄鹰和蜗牛。

雄鹰搏击长空，凌飞万里，金字塔或许只是它再平常不过的栖息和驻足；可对于蜗牛而言，弱小的身躯，缓慢的速度，甚至每每前进一步，都要忍受强烈的肉体与地面的摩擦之痛。在所有人的眼里，蜗牛努力爬行的每一步都微不足道，但蜗牛从不会因为他人的嗤之以鼻，就轻易放弃了前进的动力，始终不忘初心，持之以恒地在艰难中跋涉。

金字塔里有蜗牛简单的梦想，它要一步一步爬到金字塔的顶端，不是要鸟瞰世界，也不是要接受世人的仰望，为的是等待阳光静静地照着它的脸。在蜗牛的世界，小小的天空挂着大大的梦想，重重的壳上挂着轻轻的仰望。

这便是蜗牛，接受现实的厚重，努力地蜕变梦想。虽然生活中不乏一步成功的雄鹰，但这毕竟是少数，人生没有捷径，太多的人都是一步一步向上爬的蜗牛，奔波在现实与理想的路途之中，不断攀爬、不断向前，希望登上生命的最高峰，体味那"会当凌绝顶，一览众山小"的成功与豪迈。

面朝大海，春暖花开。你是否觉得，自己的梦想太过完美，以至于无法接受天壤之别的现实社会，甚至连一个小小的差错都久久不能释怀？你愁眉不展，无语凝噎；你轻声吟唱花开之时的心如刀割。但最终你还是逃走了，带走毕生的才华，带走对世界的美好憧憬，连那闪烁的星星都失去了光泽。

活在想象里，梦想总是美好的，但梦想与现实之间，往往隔着长长的银河。在现实中一步步稳稳踏过去，美景就在途中，收获也在途中。相遇在梦想与现实的轨迹中，现实的支点，梦想的跳板。在追梦的路上，请不要忘记，接受现实并不是说说而已。

拿起是勇气，放下是力量

佛家有云，舍得，舍得，有舍才有得。舍得之间，承载着多少勇气与智慧。只有拿得起，放得下的人，才能行得轻松，走得长远。

听过这样一个故事，在一个国家，战争结束后，战士们从战场上撤回来，带着兵器和马匹，准备返回。当地的一位农民和商人碰巧在沿途相遇，于是便结伴而行，一起去寻找意外的收获。

不多久，他们发现了一大堆被烧焦的羊毛，两人顿时觉得满心的温暖，农夫想着，女儿终于可以有一件漂亮的羊毛衫了，商人想着，换个地方变卖，一定能够小赚一笔。于是，二人平分了那堆烧焦了的羊毛，背起来继续前行。这时，他们又发现了被逃兵丢下的布匹，农夫觉得，布匹不仅可以做出漂亮的衣服，而且还可以把女儿的房间装扮一新，如果再有剩余，还可以做书包和文具。想到这里，农夫卸下背上沉重的羊毛，背上轻便又漂亮的花布继续前行。商人看到，农夫居然为了一块布而丢下价值更高的羊毛，开始在心底瞧不起农夫，认为他目光短浅，没有长远的计划。贪婪的商人将农夫剩下的布匹背在身上，又将农夫丢弃的羊毛也背在身上，跟在农夫的身后，艰难又沉重地向前踱步。此时的商人，已经没有办法和农夫以同样的速度前进了，因为他背上的布匹和羊毛，足以压得他喘息困难，更无暇再去寻找更多的财物，于是，二人相继踏上了归途。

归途中，商人和农夫又发现了银质餐具，农夫将布匹放下，挑选了一些质地比较好的银器餐具背起来，轻装返程。他心里想，花布再美，穿旧了、破了也得被丢掉，相比之下，还是银制餐具使用价值更高，可以一直使用下去，还可以换成实实在在的钱财。商人背负着沉重的羊毛和布匹，已经无法弯下酸痛的腰背，也就不能再去拾起，看上去那么美的银餐具，他只好作罢。

但是，天公不作美，突然下起了瓢泼大雨，商人背上的布匹和羊毛瞬间被雨水打湿，沉重数倍。原本就体力透支的商人，再也无法承受这千斤重负。饥寒交迫，风雨交加，贪婪的商人重重地摔在了泥泞之中。此时，他所瞧不起的农夫，早已满身轻松地安全到家。后来，他留下几只女儿和妻子喜欢的银器，其余的都变卖换了钱财，使用这些钱财作为创业金，农夫很快就脱贫致富，成为富甲一方的企业家，从此过上了富足的生活。

拿得起，放得下，说的就是农夫这样勤劳又理智的聪明人。会选择，懂得舍弃，行走在人世间，才能抵得住无尽贪婪与诱惑。拿起想拿的，把握住机遇；放下该放的，甩掉不必要的麻烦。这才是做人处世的真谛。

有智慧的人，拿得起，便也能放得下，深谙功成身退之道。奥运会柔道冠军秦裕便是如此，那年他才28岁，已经连续获得了203场胜利，可谓处于事业的巅峰，但他却在这时宣布退役，引来无数人的猜疑，甚至有人怀疑他的身体出现了问题。

其实不然，虽然在外界看来，秦裕的运动生涯可谓风光大好，前途无限，但他却慢慢发现，自己求胜的意志已迅速落潮，巅峰状态也慢慢远去，所以他选择了退役，放下曾经的光环与荣耀，做一个本分的教练，去追逐人生另外的美景。

2016年里约奥运会的女排赛场上，主教练郎平，曾经也是在五连冠之后，自己的名字响彻排球赛场上空的时候，选择了赴美留学。多年异国的执教生涯，练就了郎平"新老通吃"的绝世本领。所以在经过"主攻轮换制"和"全员上场原则"的千锤百炼。

或许，有的人依旧在遗憾，为曾经丢掉的时光悔不当初，甚至带着许多无奈赶赴前程。但是，如果我们把目光放远，便会发现，"放得下"是怎样的一种明智。塞翁失马，焉知非福？辩证法告诉我们，有得必有失，有失才有得，这是亘古不变的真理。因此，得到时不要笑得太大声，失去时也不必太过惊慌，人生总有回馈与平衡。你看，"体操王子"李宁、"篮球巨星"姚明，他们退出体坛后，不一样获得了让人欣羡的成功吗？正如一切时髦的东西都会过时，一切成就与荣耀，都会被抛诸脑后，烟消云散。

世上没有绝对的公平，如果你整天因为遭遇不公而耿耿于怀，那么受苦的只能是你自己。得失自在人心，你是选择拿起，还是选择放下，答案其实很简单，看当下的你到底需要的是什么。

　　人生，究其本质，是由各种各样的选择构成，对于有些事情，无论拿起来多么困难，都要拿起来并坚持不懈地进行下去，而对于那些妨碍我们前进的，无论多么难以割舍，也要彻底放下。如果说，拿得起是勇者，那么，放得下便是智者。

远离舒适，努力从来都不会晚

创业者成功的带队理念指出：不能留在"舒适区"，应该走出来，去"学习区"直面挑战，两只脚夯实于大地上才能做到始终矗立不倒。

诚然，所有的挑战比起舒适区的温床都是不舒服的、痛苦的。但是，想要有所作为的企业家，就必须在逆境中坚持得住，直到最后。

舒适区就是一个自我相对安全的空间，有天时、有地利，还有四面坚实的墙体——固定的环境、固定的思路、固定的形象和固定的模式。

固定的环境，可以是企业家过去擅长奋斗的领域，并且取得过值得骄傲的成绩。在未来的很长一段时间，甚至是永久，企业家都更愿意在这个擅长的领域继续"擅长"下去，这就说明了一个典型的现象——企业和企业家主观意识上都不愿意走出舒适区，那样会不舒适。脱离了固定的环境，就需要走进一个新的环境，而新的环境中所有的因素都是你之前所未曾见识过的，了解和熟识需要过程。

或许，过程中有太多的不舒适，但排除万难之后也就变得舒适了。再然后，这个新环境再次成为新的舒适区，我们就需要继续学习、继续奋斗、继续迎接挑战。

每个人都有自己的习惯，固定的形象就是其中最典型的"习惯"，如穿着、相貌、气质、表情等。内向的人通常不会穿着过于招摇，崇尚自由的人也不会喜欢严肃低调的服饰，智慧型的人才多半给人优雅又自信的一面……所谓相由心生，越是轻描淡写的人越是心胸开阔得仿若世外桃源。

只是，有关这种再自然不过的习惯很难突破，特别是自我突破。

很多年之前的凌志成就了我们今天的雷克萨斯，这其中遇到的困境可想而知，坚持的韧劲可歌可泣。

不敢突破自我是一种懦弱，也是难以功成名就的；而一旦实现了突破，那就一定会迎来一个崭新的天地。

毛泽东同志曾经说过一句话：梨子好不好吃，不自己尝一下怎么知道。

再美的一双鞋，不适合人脚的尺度，穿在脚上也是不舒服的。不过，当穿过一定时间也就习惯了，于是"不舒服"顺理成章地成了"习惯"。初创的企业同样要敢于突破自我，不断迎接新的挑战。

固定的思路其实是挺难扭转的，就好比一个虔诚的基督徒，基本上不会成为佛家的弟子一样，他们的思想就是完全不同的两个世界，这种思想潜移默化地走进了人们思考问题时的决策之中。

很多人的大脑中都会准备很多个不同的"固定思路"，这些固定的思路就像公式一样，遇到了不同的相似的问题，就把公式绕进来圈圈点点算上一算。

但思路不同于公式，其中很多主观性的因素，是公式所不能驾驭的。我们不能用一种思想去分析不同类别的事情。俗话讲，"一竿子打翻一船人"。

我们在认识一个人的时候，不能用他人的眼睛去看，而是要用自己的心去看。很多事情，耳听的是虚的，但眼见的，也未必就是实的。每个人都有成长和进步，这些需要时间才能够佐证的事实，只不过很多时候，我们很自然巧妙地"屏蔽"掉了而已。

固定的思路可以让人避免犯错误，但是太过求稳，故步自封，也会让人丧失很多的可能性。思路决定出路，要想使创业成功的概率大，就要跟上成功人的思路，有成功的思维模式，一个人不改变自己思考问题的方式，走出失败的思维模式，他就很难获得成功。

固定的模式并不一定就是失败的和错误的。

比如20世纪80年代的中国女排，每个成员都是高手，组合在一起完美地诠释了什么叫作"所向披靡"。然而到了90年代后期和21世纪初期，如此完美的组队和一直以来的成功模式却一落千丈，甚至打出了女排国家队历史以来的最差战绩。

直到郎平的出现，她强烈坚持引进年轻小将，即使没有大赛经验，甚至还需要不同的赛事磨合小将与元老的默契，郎平都"一意孤行"地坚持。而且，还大胆地推行大将与替补的轮换制。

事实证明，就是郎平的"一意孤行"与大胆推行"新政"，女排国家队才能够以出其不意的招数赢得一次又一次的比赛，创造了反败为胜的奇迹。

这就说明了，所谓的固定模式或许可以保证在一个方式下成就非凡的自己，但也会如同武打套路——无论你如何保守和谨小慎微，都会轻易被新手击败。不按套路出牌的他们是你无论如何也预知不到的"奇葩"。

这样的"自我保护"就存在于人们的身边，每一个人都有这样的心理，这就是为什么"领头羊"是领头羊，"羊群"是羊群。这种埋藏在人们心中最原始的恐惧，本能地让他们习惯了"拒绝改变"，形成鲜明对比的就是，继续留在舒适区过着安全而又舒适的生活。

舒适区是一个心理学领域的概念，在这个区域"垂死挣扎"的人，实际上是一种自我认同的保护者，为了"保护"这份自我的认同感，多数人宁可选择对自我麻痹，或拒绝与外界沟通。

每一个人都有自己的舒适区，只是所处的环境和追求目标的程度不同罢了。当一个人拒绝改变时，这个人就是在别人认为不好的行为和表象中继续保留着自己认为珍贵和重要的事物。换个角度说，就是一个喜欢在自己的舒适区"享受着"的人，就是在他人认为的"雷区"等待自杀的人。这样的人有一个并不理性的韧劲儿，无论周围的人对他讲出多么有道理的论证，他依然选择固有不变。

一个人，或者一个企业，要想取得实质性的胜利，就一定要走出舒适区，去下一个学习区继续直面挑战。

年轻人既然选择了创业，就必然要做好一切准备。高节奏、高效率地勇往直前。企业发展的很多个历史阶段，企业家或许都会感受得到"不舒适"，但这样的不舒适是暂时的，证明你又在进步中。走出了本已成功的舒适区，开始向着更严峻的挑战出击。此时的企业领导者早已成长为成熟的企业家。他们已经习惯，每每感到"不舒适"，就积极地在心里告慰自己：我付出了，努力了，奋斗过也收获过，不到最后的一刻，遇到再大的困难也要坚持下去，用这份坚强从世界的手里拿回属于自己的经验和阅历，定位自己的能力和价值。

只要不把注意力放得太远，对那些没有多少追求的企业家而言，舒适区确实是一个不错的栖息之地。值得注意的是，每一个人的舒适区都是不一样的，你的舒适区或许就是他人的雷区，同样地，你的学习区也是他人的舒适区。言外之意，能够开阔你视野的"天时地利人和"，很可能就是别人的"先天不足与众叛亲离"。

请记住一点，越是让你恐慌不安的"学习区"，越能激发出你最优质的潜能，这也就是毛主席提出的"好好学习，天天向上"，亦是走出舒适区最核心的坚持。

如何坚定信念地走出舒适区，赶往学习区去迎接挑战呢？

因时而异，不同的时间做不同的事情，就连一日的 24 小时也应有所区分。

尝试着换一条路去上班，每日的早餐无须去纠结吃什么或不吃什么。

你的每一天都是明天的"昨天"，就像给一台操作设备的系统换新一样，企业家也需要重新调整自己的现实状态，他的企业也要有新鲜的因子带来新的感知。

新，往往都是从改变中而来，如果不是每一个改变都是你想要的结果，那么亲爱的企业家们，请不要焦虑和不安，对于学习，从来都不晚，因为你有充分的时间去做接下来的决定。请放慢你的节奏，即使"放缓"会让你感到不舒适和不安全，也请你花点时间静下来诠释你所看到的和听到的，然后勇敢地介入其中。

自信和果断是决策者应该具备的素质之一，走出舒适区确实很难，也需要极大的勇气，这就是为什么你能成为决策者，而别人只能为你打工的缘由。慢慢开始与坚定去做一点都不冲突，它们实际上是一回事儿，更不会影响事情最终的结果。而且，放慢一下节奏你或许就可以大开眼界，等价于拓宽自己的舒适区。

拓宽舒适区的方式有很多，只要你尽力去接受新事物，比如学习一些管理学、心理学、哲学、经济学等，都是与企业管理息息相关的学问；或者与员工一起进行拓展或培训，既增强团队的凝聚力和向心力，又得到了很好的磨合与历练。

一辈子都待在家门口看世界，就会错失了各种机会。

尝试新事物确实有一定的难度，但若想走出舒适区，就一定要学会接受新事物、新思想，勇于学习和迎接挑战。

获得内在力量

格局决定结局，态度决定高度，高度决定容量，容量决定人生！一个人的容量有多大，他的成就就有多大，各行各业中皆是如此。诸葛亮曾有言："志当存高远。"志者，心也，超然于物外，方能品味极致人生的重大意义。胸有鸿鹄之志，方能产生大动力，大意志；置之死地而后生，才能全力以赴去开拓、去努力，人生才会取得最大的成功。

你的永远都是你的，即使黑暗曾经让它看上去好像被"隐身"了，它也依然从全世界路过。人与动物，最大的区别就在于，人类拥有更丰富的精神世界。人的精神来自人对其对象的感觉、知觉和意识等的体验与考量。精神是一种看不见也摸不着的"存在"，是胜于任何实实在在的事物所能实现的所有效果。

精神又是一种思想的共鸣——越是看不见的力量，越是伟大得让我们屡屡收获成功、创造奇迹。比如女排精神，它和中国的任何一种精神一样，都是事先要经历一番开放、融合之后，深深扎根于人心，胜利也就变得水到渠成了。那些足够疯狂的自信，才能真正改变世界。

在中国，从柳传志到王健林，从马云到贾跃亭，中国民营企业家 30 余年的历史舞台上，今天已经进入到第 4 轮"换届"中。中国的几代企业家代表身上所映射出的企业家精神，始终都是在继承中发扬，在发扬中创新，在创新中传承。

"创业教父"柳传志在回顾创立联想公司时总结了 5 个词，代表了他对企业家精神的理解。这 5 个对创业者具有绝对指导意义的词就是：行动、责任、准备、坚持和团队。

行动：立刻去做、去坚持；责任：不要不顾一切，遇到问题迂回前行；准备：做重大决定前，要反复把形势研究清楚；坚持：有了正确的方法，坚持到底；团队：不仅要做群胆英雄，还要做孤胆英雄。

福布斯中国富豪榜上蝉联多年"中国首富"之席的万达总裁王健林认为：企业家精神是多方面的，其中最核心的三点就是创造力、坚持和责任。

阿里巴巴董事局主席马云认为："对一个企业负责人来说，坚定的、必胜的信念最重要。"关于企业家素质，马云表示一定要有激情，"干任何事情必须有激情，没有激情什么事情也干不好"。阿里巴巴的企业文化中的"六脉神剑"其中一条就是激情。

在马云眼里，做企业有生意人、商人和企业家之分：生意人是完全的利益驱动者，为了钱他可以什么都做；商人重利轻离别，但有所为，有所不为；而企业家是带着使命感要完成某种社会价值的。"如果一个人脑子里想的是钱，就永远不会成功，就永远不能成为企业家。只有当一个人想着去帮助别人，去为社会创造财富，为国家发展做贡献的时候，才能真正成功。"

富有"企业家精神"的人必然专注于自己的事业，对自己努力的一切有着近乎宗教式的狂热。就算被别人当成是疯子，至少在他们的内心和眼中，彼此都是天才，是真正改变世界的人。

第六章

别人看不起的，
都是你值得为之奋斗的

不忘初心，方得始终

人生在世，有宠有辱，就如同日月，总有阴晴圆缺，这是人生的寻常际遇，不足为奇。只是对待如此稀松平常的宠辱，我们又该如何自处？

洪应明说："去留无意，漫随天边云卷云舒。宠辱不惊，闲看庭前花开花落。"豁然大度，微笑面对，去留无意，宠辱不惊，一切皆是淡然、坦然。

《道德经》中有言："宠辱若惊，贵大患若身。何谓宠辱若惊？宠为上，辱为下。得之若惊，失之若惊，是谓宠辱若惊。何为贵大患若身？吾所以有大患者，为吾有身，及吾无身，吾有何患？"其实说到底，所谓宠辱不惊，不过是不骄不躁，保持一颗平常心。

1998 年的一个清晨，美籍华人崔琦获得了诺贝尔物理学奖。但是他没有欣喜若狂，依旧故我，按照原本的日程安排有条不紊地工作着，就连在获奖后的记者招待会上，他也只做最平常的装束打扮。

当记者问他获奖感言时，他也不过淡淡地说："不，我没把它看得太认真，生活依然继续。我也将像往常一样在普林斯顿大学教书，埋头于物理学研究，因为那是一个令我感到其乐无穷的世界。"

曾几何时，太多人丧失了平淡朴实的心，因物质多寡烦忧，因物欲刺激恣情狂妄，丧失良知本性。太多人满眼灰色的惆怅，不再珍惜平淡，也不再感激真挚，更看不到平淡深处蛰伏的惊世之美。生命原是美丽的，但是少了这颗平常心，我们也缺了发现美的眼睛。

岁月如河，左岸是无法忘却的回忆，右岸是当下值得把握的年华，中间飞速流淌的便是隐隐的伤感。坎坷人生路，曲折成功梯，淡定从容才是人生最高的境界。在这世事纷扰的时空里，总要学会用平常心看待周围的一切，才是真正的淡泊。

肖市长是某城市专长于区域经济发展的高端人才，所以当他退休的时候，政府强行将他再次"扣押"在岗位上，国家需要建设，百姓需要造福，这些建设性的工作非肖市长操盘莫属。

每一个人相对成功的结果，都必然要经历一番全力以赴的付出和努力，而在这个努力的过程中，从你身边走过路过的人，便有的欣喜，有的沮丧。记得肖市长任职期间，一次出访德国，国内的电视频道上转播了当时的盛况。农贸市场里售卖干豆腐的肖大姐，眼里看着荧幕上的自家兄弟，心里也是美美地乐开了花。

旁边卖猪肉的张大嫂看到了，开玩笑地说："肖大妹子，你这看在眼里，可别拔不出来才好。"肖大姐闻声笑着回答："都是自家亲兄弟，早就住在心里了。"

"你可别吹你了，人家那是大官，是市长，他要是你的亲兄弟，你还能在这儿卖干豆腐？你还差这点儿小钱？"张大嫂有些嘲笑地说着。

肖大姐却没有因为这样的讽刺而懊恼，因为她知道，兄弟是自家的兄弟，市长却是全民的市长。当姐姐的，做好自己，并且不给亲人添麻烦，就是最大的帮衬。

肖市长严于律己的作风，让民众和政府百般钦佩，他为人民和国家做出的贡献，也得到了相应的荣耀。当然，行走于人世间，无论是名人、伟人，抑或是平凡人，都会有欣赏自己的仰慕者，也会遇到无法理喻的排斥者。但无论做什么样的工作，选择什么样的途径，运用什么样的方式，只要问心无愧，对得起最初的那份坚持，有始有终地走完你选择的这条路，世界就会为你鼓掌。

"大千世界，芸芸众生，由于每个人的禀赋不同，遗传基因不同，生活环境不同，所以各人的人生观、世界观、价值观、好恶观等，都不会一样，都会有点差别。比如吃饭，有人爱吃辣，有人爱吃咸，有人爱吃酸，如此等等。又比如穿衣，有人爱红，有人爱绿，有人爱黑，如此等等。俗语说：'各人自扫门前雪，莫管他人瓦上霜。'这话本来有点贬义，我们可以正用。每个人都会有友，也会有'非友'，我不用'敌'这个词儿，避免误会。友，难免有誉；非友，难免有毁。碰到这种情况，最好抱着分析的态度，切不要笼统概括，一锅糊涂粥。"

这是季羡林先生在《毁誉》一文中抒发出的大世情怀。行云流水，字里行间，文字所释放出的学者胸怀和耄耋老者的豁达智慧。是否已经感染到了现在的你？

佛曰：人生若得如云水，铁树开花遍地春，心如磐石大地生，无惧风雨不动心。如果想要人生如云水般自然宁静，那便要拥有一颗宁静的心，如磐石那般坚韧，如大地那般宽厚。其实，一颗真正的平常心，应不畏外界洗礼，看穿胜负成败，看透功名利禄，看破毁誉得失，达到平静坦荡的境界状态。

人之心，本该如一潭清水，忆得初心在，方能始末归。

有些路，走下去才知道风景有多美

在做两个不同的体育项目的时候，我产生了截然不同的感受。

摇呼啦圈的时候，如果第一圈开始的速度快了，之后想慢下来就有些难。好像速度不受自己控制一样，从第一个快开始之后每一个都快，甚至更快。我发现，主观意识地想要慢下来，结果通常都是坏掉了。相反，第一圈摇的速度慢一些，之后再想摇快，只要多使些力气，力道上来了速度也就跟着上来了，特别地顺理成章。

跑步给我的感受就不同了，起步的速度慢了，之后的速度就会越来越慢，最后想提速都难；起步的速度要是快一些，之后想要慢下来，就是轻而易举的事儿。当然，我不是专业的运动员，也没有接受过系统的训练，也就在上学的时候，一些零星的没有被语数外老师们讹掉的体育课上，简单地跑过、跳过。所以，以上两点我的感受，只能代表想要强身健体的"半吊子"，身体上流露出的本能。

生活中的苦乐，其实就是本能，你想象着它的美好，那么它就是美好的；你看见的是龌龊，那么它就是丑陋的。人生中的路，你总要迈开了步子，才知道脚下的土壤是松还是实；很多风景，你没有看过，就不知道它有多美。

徐舍大三那年，萌生了创业的念头，开始筹划各种与创业有一搭没一搭的事情，凡是他认为有关系的，一定都会打个包放在锦囊里，待时间到了，机会便可以立刻发酵。

参加完毕业典礼，开着老爹奖励给他的那台奥迪A6，徐舍只身来到北京，在通州区找了个四合院，创办起他毕生第一个公司——SNS网络科技有限公司。公司主要做的是互联网界当时比较前沿的信息技术，用徐舍那傲骨的腔调来说，他就是马二云、周二祎、马二腾。具体说，徐舍做的是把校内网的功能和微信附近的人的功能捆绑在一起，以互联网为原点，以陌陌为半径，画一个圈——朋友圈。当然，徐舍做的不是我们现在使用的微信朋友圈，因为他的创业最终还是以失败而告终。

十年前的北京，十年前的梦想，在一个充满酸涩的宴席上，戛然而止。

后来，徐舍回忆说，创业的第一个月，他就把父亲给他的那台A6变卖，给员工开工资了；第三个月，砸锅卖铁都交不起房租；第六个月，返回家乡的航班上，浑身上下只剩下了一次惨痛失败的自省。

徐舍说，他的家族，从他这一辈开始往上数，五代以上都是企业家，他们家族的在他之上的每一个长辈，都满腹生意经。所以他根本就不缺钱，也不缺工作，论失败，也绝对输得起。

徐舍的话，不得不让我去深思，创业的成本，远远不止于金钱，还有经验、毅力、决心、外力的支撑。徐舍在北京创业的时候，见过马化腾，也见过周鸿祎，还有美国的一些互联网企业驻中国的经理。那些前辈们对徐舍的奋斗一点也不以为意，因为他们见证过，一路跑来、跌倒、爬起来、再跌倒的人，多得根本数不过来。

创业的路上，从来都不缺少有钱人，也不缺少奋斗者，想法再好，没赶上"天时地利人和"也是白扯。"创业真的是一件很可怕的事情，任何一个创业的想法正在燃烧的人，别人和他说再多的道理，他都听不进去，我当初就是这个样子。"徐舍喜欢把自己第一次创业前前后后、好的坏的、对的错的想法，毫无保留地告诉后来者。

那些光鲜的成功，有太多的机缘巧合，所有的机遇都是为那些有准备的头脑"准备"的。凭借一腔热血就能叱咤在硝烟弥漫的恶斗战场，你首先就要拥有别人无法驾驭的本能。本能，是人生命的一部分，也是行为习惯的养成过程。

如果不能自己成功创业，那么能够帮助别人创业成功，未尝不是一件别样的成功。

想到这里，徐舍成立了大显公社，凡是有想法需求的，大显公社都能帮你实现。比如插画手绘，比如咖啡调酒，如果你想像鸟儿一样，飞上蓝天一次，大显公社也能帮你实现。

徐舍说，他忘记了听谁说过一句话，说理科生能够改变这个世界，而文科生改变不了世界，只能让这个世界变得美好一点点。

徐舍是理科生，曾经试图改变这个世界，但是没能成功；于是，他转道做了一件特别精彩的事——去改变那些文科生，让他们有能力让世界变得更美好一些。所以大显公社看上去更文艺，更像文科生的课外补习班。

我有一个哥们徐达，高中的时候是学理的，高考前的三个月突然决定要变身为文科生，理由是"陪着女友天下走"。不得不佩服他的勇气，却也不得不鄙视他的儿女情长。好男儿就应该志在四方，"牡丹花下做个风流鬼"的事儿，我是断然做不出的。

徐达为这次冲动的选择付出的惨痛代价就是，高考落榜，女友却跟着校草"勇闯天涯"去了。徐达后来在老爸的财力资源支撑下，去了北京读一个民办本科，说实在的，那就是一个烧钱的地方，毕业证上的那一串数字，根本得不到国家的承认。入学后他才知道，想要成为一名大学本科毕业生，还要参加成人自考，而且还有时间的限制，必须在四年内考完，否则之前所有考下来的科目全部作废。

一件得不到保障的事情，要是再对它来一个时间上的约束，那么完成的概率就微乎其微了。徐达读到大二的时候就退学了，之后当过厨师，在工地上做过苦力，还跑过保险。现在的徐达拥有一家装饰装潢公司。没有本金，没有背景，甚至没有学历的徐达，除了依靠自己的努力，让自己活得有理由洒脱，貌似没有其他更好的办法。

人，总是在一无所有的情况下，才有勇气全力以赴。而这个全力以赴的过程，恰恰就是机遇准备与你擦肩的时候。

徐达在工地当苦力，结识了各类施工队；跑保险的时候，认识了一些多金的投资者；当初做厨师，恰巧在行政执法大队的职工食堂。资源不多，但拼凑起来就刚刚好，他的公司运营得很顺利，尽管曾经遭遇过一次合伙人的背信弃义，但与青梅竹马的女友跟别人跑了这件事相比，也是小巫见大巫了。

生活中，我们每每经历的事情，都是机会和威胁的并存体。你愿意相信它是美好的，那它就不会丑恶。就是这样一个真实的世界，可能让你走了一段弯路，弯路上或许还被荆棘刺痛了脚，几次的跌倒摔痛了身心，可你还是坚强地走了下来，遇见了本来就该遇见的人和事，见过了沿途中明媚的阳光与漆黑的夜，拥有了现在别有洞天的自己。

加与减的智慧

驻足繁华的大千世界，仰望灿烂空明的日月星辰，洞察神秘诡谲的宇宙，不禁心潮澎湃。人生向前，生命无时无刻不在发生着变化。有人说，生命如行云流水，需要经过涂改和润色，才能定稿；也有人说，人生就是一道加减法的算术题，加法增添阅历、积累财富，减法卸下肩背上沉重的包袱，还原生活的本真，体验生活的自由。

巴金先生曾如是说过，"人不是单靠吃米活着的"。是的，我们不仅需要吃饱穿暖，还需要有精神层面的理想与追求。一个有责任感的人，会时刻牢记着给自己的人生添砖加瓦，如陶渊明，加入追求淡泊的灵魂，成就了东篱采菊、悠然见南山的千古佳话；再如袁隆平，加入了增产粮食的理想，于是他用十年如一日的科学研究，发明了"杂交水稻"，滋养亿万世界人民。

这便是加法人生。追求着，努力为自己的生命织就繁锦，让人生大放异彩。

有的人在奋力拼搏，努力工作，为的是升职；有的人风里来，雨里去，吃尽世间苦头，为的是积累财富；有的人发奋读书，"头悬梁、锥刺股"，为的是让知识改变命运……人生的加法，是一种成长，是自立、自强的奋斗轨迹。

但是，人生又不能只做加法。随着时间的推移，加法做到一定程度后，物质负累越来越多，人也会越来越容易迷惑，这时便要开始做减法了，减去多余的物质，减去奢侈的欲望，减去心灵的负担，减去环境的纷扰。

人生中的减法，不只减掉不如意，更重要的是修养的完善。徐本禹舍弃丰厚的待遇，义无反顾地走进大山，收获心灵的富足，也成就了一代栋梁；李白舍弃富贵荣华，仰天大笑出门去，收获无价的尊严，也成就了鼎鼎诗仙。世间有太多的人，他们减少了对名誉、金钱的渴求，保全了修养，收获一室阳光明媚的纯粹高尚。

只是，我们都有与生俱来的占有欲，太多的人都早已习惯了不停地做着加法，为生活加分，为欲望加分。在他们的观念里，无论什么事物，统统都是越多越好，于是，有钱的想要有更多的钱，有名的想要有更多的名，有权的想要有更多的权。

欲望无穷，负累无限，于是他们生活的负担开始越来越重，直到压得自己无法喘息。正所谓"物极必反"，无论什么东西，追求得太多，便不再是什么好东西了。

步入社会之后，身边的同学、朋友、同事，一个个、一批批地走进我们的生活。很自然地，我们始终在朝向前进的方向，不断在情感和人脉上做着加减法，那些此时可以帮衬我们的希望，就成了加法，而那些远去的过往，便在时间的洗礼中，逐渐被减掉。

有些现实用文字呈现出来，会让人觉得不尽如人意，甚至让人望而生畏，可这就是世界、就是社会、就是我们赖以生存的法则。你不进，他人进；你不退，他人退。于是，你就成为三明治中的火腿，跟着哪边另立门户都不对。取舍之间，有张有弛，学会选择，有进有退。生活不同于弹簧，不是你给了它力道，它就能轻而易举飞上天堂。

生活就像一道数学公式，有加法也有减法，运算法则便是人生的道理。加是成长，减是成熟，把握好人生的尺度，在得与失、苦与乐间收放自如，才是加减人生的最高境界。

大自然的万物，也有着它们自身的加减运算；精明的四季，从来不会因为某一个季节的得失而忘却了它最终明察秋毫的加减法则。就像春天的小草，绿意盎然充满生机，却单调乏味得看不到鸟语花香；夏季的炎热或许激活了蚊虫的叮咬本能，让本该裸露在阳光下的每寸肌肤，不得不严严实实地包裹起来，但是烈日炎炎，我们的肌肤在细腻的保护下却也安然无恙；秋季的金黄带给我们别样的收获，可与此同时的萧条，还是夺走了原本属于这个季节更多的快乐；白雪皑皑的冬季，冰封了太多前行的美景，却豪情万丈地赐予了我们无限的遐想，有关梦和远方。

四季的轮回，教给我们加与减的智慧，不是放下了就意味一无所有，也不是拿起来了就注定目空一切。得与失，是人生的两只翅膀，人生在羽翼的纷飞中找到平衡，得以飞翔。

给身份镀一层"忠诚"

作为一名企业的高管，我要求自己要忠诚，同时也要求我的下属，要对公司忠诚。忠诚是社会对我们的约束，也是企业稳定的基础，为什么这样说呢？

如果公司是一片大海，公司的员工就是汇聚在这片海域的条条河流；如果公司是一条河流，员工就是条条潺潺的小溪；如果公司是一条小溪，员工就是小溪中每一滴水……公司就是一个整体，而员工便是组成整体的每一个分子。小溪中缺少一滴水，它还是小溪，但小溪中的水越多，它就会越快变成河流，再变成大海。员工是公司组织架构中不可或缺的一部分，却不是公司生存和发展必不可少的因素，就像地球少了谁都一样转动，公司少了一名员工自然还会有千千万万个应聘者投递简历。那么，什么样的员工才是公司发展最重要的一枚无可替代的音符，终究会伴着公司成功的旋律一直演奏下去呢？

那就是急公司之所急，想公司之所想，一心琢磨着怎么为公司谋利赚钱的员工。

有时候，赚钱也可以理解为另外一种的节约。我们都知道，公司中最能赚钱的当属市场和销售人员，但为公司谋利是全员的责任，那些并未走上一线市场的员工同样可以通过降低成本、开源节流等形式减少公司财务上的支出，其行为也是为公司"赚钱"了。作为市场和销售团队，虽说是公司最能赚钱的团队，但也绝不能以此来邀功求赏，甚至威胁、恐吓公司。为公司赚钱是每一位员工应有的价值取向，而其他过激的心态和行为，怕是画蛇添足了。

杜宁公司的总裁一直被中层领导和基层员工视为"吝啬鬼"，原因就是这个公司有个不成文的规定，除了机密文件之外，所有公司使用过的打印的、复印的单面使用的纸张都要进行二次利用之后方可作废。很多老员工习惯了这样的行为也就没有过多的说辞，但一些新毕业的大学生"大手大脚"惯了，很多时候都不记得公司的这条"戒律"，如果被抓个现行就会给予罚款等处分，而这个时候就是各种怨声载道大爆发的时期。

表面上看，总裁是不是过于小气了，非要在一张纸上大做文章，偶尔一次没有进行二次利用就被罚款，是不是领导层本身就不够大气呢？这样的公司能够有多大的发展，这成了新员工们怨声载道甚至递交辞呈的一个理由。对此，杜宁公司的总裁表示："单面纸张的二次利用，不仅是为国家减少了树木砍伐做出微薄之力，而且还减少了公司一部分支出。可能一张纸没有多少钱，但积少成多和好习惯的养成是很重要的，这些好的习惯将直接降低公司成本的支出，间接增加了公司的利润额，对公司的发展和壮大极为重要。"

当一名员工发自内心有着一颗为公司赚钱的使命和责任的心时，他就会很自然地表现出一系列为公司减少支出的行为，并理所当然地认为：自己对公司的盈亏有着义不容辞的责任。如此这般，这一类员工就会高度留意身边任何一个可能为公司利润做出贡献的机会，并且竭尽全力做好，这样的积极行为自然会使公司有所收获的。

人才济济的大千世界，任何一家企业都需要人才，同时，任何一家企业也都不怕损失个别的人才。在激烈的市场竞争环境下，若想被老板另眼相待，只是"人才"这一个身份是不够的，你还必须牢记"为公司赚钱是最重要的事"。不管你的岗位是秘书、是中层管理者，或是基层的市场人员，请一定要将你的努力目标定位在"如何为公司赚钱"和"如何为公司省钱"上，相比较那些憨厚老实、埋头苦干的忠诚员工，在老板心目中分量更重的还是听话又会赚钱的员工。

所以，帮助老板实现公司利润最大化的人才，是更能令领导满意的高管培养对象。

在微软公司流传一个故事，这个故事甚至成为很多企业培训的经典案例，说的就是最能为公司赚钱的市场销售人才，在屡屡完成任务之后却还是被老板炒了鱿鱼的事。原则上，不断为公司创造价值的人才理应被重用才对，为什么老板还解雇了他？这其中又有着哪些直击命运的筹码和枷锁呢？

美国微软是一家举世闻名的科技公司，汇聚了全世界顶尖的技术和销售人才，能成为一名"微软人"是值得自豪和骄傲的事，微软对倾力付出奋斗精神和行动的员工也是绝对的信赖，并论功行赏。同时，也绝不会姑息任何一个邀功求赏的势利员工。

有这样一位员工吉姆，他曾经是某知名企业的优秀销售经理，凭借着一身销售优势有幸加入到微软公司。在工作的第一个月，吉姆共拜访了10位客户，其中有5位客户与他达成订单协议，这样50%的成交率其实在很多企业都算不错的销售成绩了。带着这份小骄傲，吉姆找到了微软大老板比尔·盖茨。吉姆对盖茨说："我完成了这么好的业绩，公司准备给我些什么奖赏或是奖金呢？给我一辆车也是不错的！"盖茨看了这位微软新员工一眼，便头也不抬地对他说："你拜访的10位客户，只谈成了一半，另外没有签署协议的客户，有两个已经被我们的竞争对手挖走了，而另外的三人呢？你只关注你谈成的客户，怎么不去研究一下没有选择微软的人是基于一种什么样的心态？"

听了盖茨的一席话，吉姆意识到自己的不足，于是第一时间去对没有合作的5位客户进行二次拜访，他也是真的具备一些谈判技巧和销售方法，吉姆最终将另外5位客户巧妙地从竞争对手的手中抢了回来，这个时候的吉姆已经比之前更骄傲了，于是他再次找到盖茨。"老板，10位客户我全部满单完成，这么完美无缺的成绩您是不是应该给我更高的奖金呢？"吉姆一脸骄傲，威风凛凛地向比尔·盖茨邀功，然而盖茨却不屑地回复："你是一名销售人员，你的时间应该用在拜访客户上，而不是站在我面前废话，你的精力应该全部用在与客户的谈判和与竞争对手的周旋上，而不是向我邀功。你以为你完成了 10 单生意就非常成功了，但你是否知道其他比你更优秀的销售精英已经在谈他们的第 11 个、12 个客户了？"

吉姆听了盖茨毫不留情面的训斥立马傻了眼，的确，他在之前的公司，甚至是很多个科技公司都算得上顶尖的销售人才，然而微软是集结了世界无数精英的舞台，区区一个吉姆甚至难登大雅之堂。想到这些，吉姆便开始更加努力去拜访客户，第二个月，吉姆一共拜访了 11 位客户，并且全部签单。吉姆想，这一次再去找老板理论，总不会再被骂了吧。于是，吉姆第三次走到盖茨面前，这一次他收敛了一些之前的趾高气扬，但依然还是好大喜功地对盖茨说："老板，这个月我拜访了 11 位客户并且全部签单，这份 100% 的答卷您应该满意了吧？"这一次，盖茨也没有了之前的责备语气，而是心平气和地告诉吉姆，"你已经被开除了，就在你准备来找我邀功的路上，其他的销售人员已经开始与他们第 12 个、13 个客户进行对话了，所有人当中，你是成绩最差的一个。"

整件事下来，我们都领悟到这样一个道理，一个对企业忠诚并且一直没有放弃努力的员工，即使没有创造出多么大的成绩，甚至可能一直在做基础性的工作而没有被晋升，但也一定不会被开除。但一个员工即便再优秀，为公司不断创造价值，但若永远拿着小成绩去邀功请赏，而不是像其他人才一样加倍努力和奋斗，那么等待他的结果也只有一个，那就是被解雇。

很多员工的优秀其实都是被"逼"出来的，他们最初的成绩平平，但始终都很努力，这样的员工一定会不断成长并且不断增加自己为企业所创造出的价值的。无论什么时候，员工个人的成功都是基于企业的成功之上，离开企业快马加鞭的发展道路，任何小我的成绩都是九牛一毛。其实不难理解，老板、公司、员工三者之间的利益是共同的，公司赚钱了，老板才会有钱分享给为公司做贡献的员工个人，三者一荣俱荣，一损俱损，所以帮助老板为公司赚钱是员工的使命，也就理所当然了。

员工用业绩对话老板，这件事本身没有问题，但吉姆的问题出现在，他不断拿着自己所认为不错的成绩去向老板邀功，殊不知自己的成绩只是人才济济的微软公司中垫底儿的那一个。如此这样，他就成为最不能够为公司创造利润，也就是最不会为公司赚钱的那一个，也就谈不上有"业绩"。企业的生存和发展离不开利润的维系，公司是一个为那些努力证明自己能力的员工相互角逐的战场，"适者生存，不适者淘汰"和"末位淘汰"还是比较科学的。如果没有成绩，也就失去了成为公司一分子的价值，迟早是要被摒弃，而唯一能够证明自己能力的筹码就是，你能为公司赚多少钱！

机会，永远只给有准备的人

互联网发达的时代，励志故事都是铺天盖地般涌现。可别人的故事有多少真实性？励志不是心灵鸡汤，不是唯美的语言就可颠覆与涅槃。我更看中身边的人和事，也发现了其实每一个人，都是自己的那本励志书。

闺密大爽，是一个热情开朗的女孩，最初与她相识，还是通过另一个朋友，拜托我给大爽留意合适的男生。于是在还没与大爽谋面的情况下，我已在不同的我认为值得嫁的男生面前，多次"介绍"大爽。也是那个时候，我第一次看见，一个无父无母的孤儿，活得如此坚强、坦荡。

在大爽两岁的时候，一次交通意外夺走了她父亲年轻的生命。那时候的大爽还小，还不知道失去亲人是怎样的悲痛。有记忆的时候起，大爽的家里就又来了一位"父亲"，大爽亲切地叫他爸爸。大一那年，妈妈在医院输液的时候，因为药物过敏抢救无效，也离开了大爽。家里的那个爸爸又不是亲的，妈妈不在了，家也就不在了。

大爽是在某城的一所农业大学读经济管理专业，她知道，未来的日子，只能依靠自己了。实习的时候，大爽意识到，进入国企工作很难，去私企她又觉得养不活自己，平生第一次有了创业的计划。

大爽是那种有了想法，就会付诸行动的人。她先是在学校的食堂承包下一个档位，请了一位厨师和服务员，自己一边上学，一边打理经营小档位的生意。赚得不多，基本的学费和生活费是够用的。

有了档位的小试，大爽积累了一些餐饮业的小经验。很快，大学毕业了，几个舅舅给她规划了很多职业方向，但大爽觉得，那些都不是她想要的生活。与其为了工作而工作，她更愿意为了理想而打拼。

在选择创业的方向时，大爽更多倾向于餐饮。民以食为天，就算什么都不消费的人群，至少饭还是要吃的。以她的自身条件，开一家大餐馆太难，她又不想向银行贷款，担心自己创业失败赔不起，毕竟，没有背景的女孩，再强大的信心也不一定解决得了温饱。

用在食堂开档位攒下的几万元钱，加上姥姥和几个舅舅的赞助，大爽在邻近学校和商圈的中间地带，盘下了一家店面。一切准备就绪，只待开业大吉。店面不大，但很洁净，装修没做什么特殊的处理，在原来的基础上加了一些小装饰，没有过多的粉饰倒显得很简洁、大方。

她还是请了一个厨师和一个服务员，加上自己，三个人可以忙得过来。三餐的时段，大爽亲自送外卖。这不仅节省了一个外卖人员的开支，主要的是可以与消费者面对面。通过与消费者的深度交流，大爽逐步改进着经营模式。不到一年的时间，大爽已经将最初的投资回本差不多了。接下来，如果继续发展的话，她打算两年的合同期到了之后，换一个大一点的门面。

理想的路，就在这样充满信心和准备的情况下，越走越远，越走越顺。可是，天有不测风云，经营餐馆一年的时候，突然间接到法院的起诉书。之前出租给大爽门面的房东，及房东后来的租户，联合起诉大爽。理由很是荒谬：说大爽用半年的合同却硬是霸占餐馆一年之久，导致后来的租户无法正常使用门面经营。他们要求大爽赔偿原告签署租房合同的所有费用，按照现在餐馆的日收入附赠20% 的赔偿；还要支付房东，也就是原告诉讼费、损失费、误工费、名誉损失费等合计 5 万元人民币。

一个年轻的姑娘，刚刚走出校门没多久，又在人生地不熟的城市独自打拼。就算有几个要好的同学同在这个城市工作，可大家都是没有什么背景的奋斗青年，又怎么能够帮助她一起打官司呢？当初和房东签署的合同，是被房东事先做好手脚的。房东看大爽一个外地的年轻姑娘，从最初的谈判起，就开始谋划接下来的恶心诬陷。只是他没有想到，一个小姑娘，居然能够让他那垂死挣扎的小门面起死回生。

这件事情后来经过和解，也就没有继续再打官司。房东看在大爽一个小姑娘自主创业不容易的份儿上，将所有赔偿折半。留给大爽的，除了满腹经纶的餐饮经验，再就是说都说不明白的委屈。

一年时间的全力付出，投入的所有精力和存款，顷刻间成了他人的囊中物。委屈、愤怒、伤痛，一股脑儿袭击而来。整整三天三夜，大爽就那么躺在床上，不吃不喝、不眠不休。几个小伙伴担心她就此一蹶不振，再也打不起精神来。可三天之后，大爽又奇迹般地满血复活。

这就是我身边的闺密之一。在我认为我很坚强的时候，其实，比我更坚强的人就在身边。她们正在做的努力，我做不到；她们义无反顾的坚持，我做不到；她们一无所有的全力以赴，我也做不到。那些我做不到的事，还有很多人都做不到的事，信心满满的人，却都做得很好。在我意志消沉的时候，她们就是我的榜样！

其实，每一个人也都有着别人可望而不可即的优势。小区里拾废品的大娘，她没有我生活上的小资情结，也比不上我的才华和梦想，但在大众面前，她比我更能接受低头的沉默、仰头的瞻望，那样的内心强大，是我所不能及的。朝九晚五的工薪阶层，距离金字塔顶端的伟岸路途遥远，他们没有高不可攀的事业，或许也经受不住多少次的跌倒和爬起，但他们平淡如水的人生，却是人世间最美的风景。

河边的摇椅上，一位满头白发的老爷爷，给同他一样两鬓斑白的老奶奶剥橘子吃，顺手将橘子皮直接放在自备的手拎袋里。看着朝阳出海，看着夕阳落山，美好的一天总是洋溢着幸福的温暖。

河边嬉戏的孩童，会为了争抢一个海洋球而苦恼，也会因为一个棒棒糖破涕为笑。童真的幸福，仿佛金色的光芒，高贵得让人翘首瞻望，但也亲民得唾手可得。

　　老人、孩子，以及中青年一代，不同的人在不同的人生时期，有着不同的理想，和为了理想的实现信心倍增的努力。成功不分大小，理想不分轻重。世界给了你前进的方向，你就要相信自己可以走到尽头的坚强。路途上，我们会见证很多人的成功，也会看到更多人的失败。成功或是失败，作为路人甲的我们要做的就是，承认他人的成功，认可他人的努力，看得起自己的信心。

　　理想的路铺设得很美丽，携带着信心赶赴的人，每留下的一个脚印，都铿锵有力。

用心触摸世界，而非征服世界

喜欢喝咖啡的时候，很自然地开始去聆听那些与咖啡有关的故事。

老张不是"小强"却胜似"小强"，这是我在听了他的故事后，最先流露心头的一个感受。

老张有一个梦想，有一片属于自己的土地，种上漫山遍野的咖啡树。老张出生于 20 世纪的 60 年代初期，差不多是中国"三年自然灾害"时期，那是连温饱都无法苛求的年代，梦想大概都是用来慰藉心灵的。

老张是家里的长子，父母"慷慨"地给他生了八个弟妹，一家九个孩子，当大哥的老张却从没有一天"孩子王"的经历。虽说家里很器重老大，还喜欢男孩，但为了解决一家人的口粮，父母每天都是早出晚归打零工。家里有个一亩三分地，也都是老张一个人打理着。小学没毕业，老张就给自己学生时代的生涯画上了句号。没有学历、没有技能、没有经验，还要照顾家里年幼的弟弟妹妹，老张想要出去闯荡的心思也被扼杀在摇篮里。面前的一亩三分地，倒是成了老张的好朋友，无论他怎么无奈现在的生活，那片地，却充满了包容的力量，甚至开始燃烧一个少年并不成熟的梦想。

16 岁那年，老张偷偷地离开家，来到云南大理宾川县一个叫作荣苦拉的小村庄，寻找 1892 年种植在这里的中国第一棵咖啡树。老张不知道什么叫作探险，也不懂得野外生存，但他却在荒郊野外，足足"以天为庐地为席"了 20 天。被一位上山采摘的女孩发现时，老张已经没有一丝力气说话，人的一生，不知道有多少次机缘巧合，在你没有做好准备的时候，慢慢向你靠近。

救了老张的女孩是大营镇瓦西村的村民，一个和老张同龄的从小长在金沙江边的妙龄少女。老张在女孩家住了下来，一住就是三年。"青春年少的人，是为了梦想不顾一切的傻子"，老张总结性地结束了他 19 岁之前的生活。因为 19 岁那一年，老张和女孩结婚了，他喜欢这里，这里有他的梦想，尽管当时，有关梦想的实现，他不知道该如何去努力，但他知道有梦想的地方，一定有希望。

20 世纪 80 年代后期，开始有一大批跨国企业来到云南，在这里大肆兴建农场，开始种植咖啡树。看着漫山遍野的咖啡树，老张的心活了起来，那不正是他梦寐以求的事嘛！可是，妻子一家不同意他的做法，家里世代为农，生活虽过得比较富裕，但若是倾其所有去承包山林，那简直就是痴人说梦。

是啊，对于他人而言，难以企及的梦想，不都是从傻子的嘴里说出来的？

过了很多年，老张终于有能力包下一片山头，去种植咖啡树了，可他再也不是年轻的可以肆意挥霍生命的少年，两鬓甚至开始出现一些灰白的暗痕。

心中有梦，什么时候去实现都不嫌晚。想到这里，老张携带妻儿，义无反顾地来到西双版纳，开始种植咖啡豆，种植年少时就植根的梦想。

梦想总是充满希望的，拯救着被烈火冲昏了头脑的死磕，尽管一切并不顺利，老张还是义无反顾地坚持，他说，那是他的梦想。

后来，老张的咖啡树林遭遇百年不遇的寒流，80%的咖啡树被冻死；再后来，老张重整旗鼓，重新来过，再次遇到森林火灾，90%的咖啡树顷刻间变成灰烬……老张追逐梦想的步子没有停下，继续着义无反顾。他还是常说："那是我的梦想！"

我知道，老张的梦想里，始终有着一股原始又丰厚的力量。

陌陌是从小定居在澳洲的中国女孩，如今已是孩子母亲的她，第四次踏上祖国的土地，为的是实现自己的梦想，那也是很多人的梦想。

这个世界上，想去探险的人很多，勇于探险的人却很少。陌陌就是一个敢想也敢做的姑娘，几乎所有令人叹为观止的极限运动，她都成功挑战讨。难度攀岩、高山滑翔、蹦极、低空跳伞、高空飞越、潜水、登山……陌陌探险的步调，这一生都不会搁浅。后来恋爱、结婚、怀孕，也没有放下探险，孩子三个月大的时候，就跟着她进行过徒手攀岩。很多人都说，陌陌这是在拿自己的命和孩子的命做赌注，赌她这一生，是否能将唯一的梦想坚持下去。只有陌陌自己知道，这不是她一个人的梦想，是好多人的梦想。

在澳洲，有一个关于探险的纪录片电影节，陌陌想着，祖国也有很多人爱好探险，却从未见证过世界级的探险有多么震撼，于是，就在国内组建了一个小团队来澳洲参加电影节，将这样的盛宴带回国家，让更多的人，在探险的路上，重新认识自我。

探险是什么？探险是，你勇敢地去做了一件这一生可能都不敢去做的事情，然后，你还是你，不影响任何生活状态地回到现实，一股原始而丰厚的力量，让你突然发现，自己可以如此地强大！

受到陌陌的感染，千桦也准备来一次说走就走的旅行，第一站，内蒙古草原。

背着画板，千桦像个没走出校园的学生一样，阳光地踏上内蒙古草原。按照原计划，他在距离呼伦贝尔大草原最近的海拉尔站下了火车，据说，呼伦贝尔大草原最美的风景，不是某一个点或者某一个区域，最美的风景都在沿途。

千桦没有选择自驾，也没有再搭乘其他交通工具，他认为一个三十岁年轻力壮的青年，徒步穿越应该是一件非常美妙的事情。如果不尝试一次彻底的穿行，旅途也就失去了它本来的意义。

那是一片望不到尽头的盎然的绿，是广阔的蓝天也包裹不住的激情，千桦明白了，老师画笔下的青葱岁月，之所以让人看了仿佛重走了一回青春，正是在画里，有着摒除一切的肆无忌惮。千桦像突然间发现新大陆一般，风似的，在大草原上奔跑。

大草原真的很大，特别大，大到千桦从黎明走到傍晚，始终不见一个人影，连个蒙古包都未曾遥望见。不过，令他有些欣慰的是，整个裤腿从脚开始到大腿根部，已经蔓延着各种牛粪、羊粪，难过的是，甩掉了还会再沾满；幸运的是，有牛羊出没的地方，大概离人烟也不远了吧。

天色渐渐暗了，星星一个一个蹦出来，月牙咧着嘴挂在天空呵呵地笑着。千桦躺在无垠的大草原上，从未见过这样的夜空，从未感受过这样的风吹草低见牛羊（牛羊暂且没有看到，牛羊的粪便却与他近在咫尺）。

千桦狠狠地记下这样的画面，努力地勾勒未来的愿景——父母让他回江南的老家，接手家族的产业，女友让他留在山西，娶了她，嫁妆就是"煤老板"的身份。可梦想就在那儿，远远地望，走下去，不知道黎明是否带回了曙光；回过头，怕这一切的美好就此咫尺天涯。真想将时间定格在这一刻。

梦，不会是现实，只有梦想，才有可能成为现实！

清晨，千桦看着朝阳一节一节地跳上半空，支起画板，他要将希望与梦想联结在一起。午夜的月星再美，总有梦醒的一刻。他愿凝聚一股丰厚的力量，为了家人、爱人和梦想，此刻启程。